If you do not understand
these now,
you will regret

有些事情现在不懂，
一辈子都要后悔

智慧女人的幸福密码

郁海彤◎编著

中国华侨出版社

图书在版编目（CIP）数据

有些事情现在不懂，一辈子都要后悔/郁海彤编著. —北京：
中国华侨出版社，2014.6

ISBN 978-7-5113-4681-0

Ⅰ.①有… Ⅱ.①郁… Ⅲ.①女性—修养—通俗读物

Ⅳ.①B825-49

中国版本图书馆 CIP 数据核字（2014）第 112487 号

● 有些事情现在不懂，一辈子都要后悔

编　　著 / 郁海彤
责任编辑 / 文　艾
责任校对 / 孙　丽
装帧设计 / 天下书装
经　　销 / 新华书店
开　　本 / 710 毫米×1000 毫米　1/16　印张 /17　字数 /220 千字
印　　刷 / 大厂回族自治县德诚印务有限公司
版　　次 / 2014 年 10 月第 1 版　2014 年 10 月第 1 次印刷
书　　号 / ISBN 978-7-5113-4681-0
定　　价 / 32.00 元

中国华侨出版社　北京市朝阳区静安里 26 号通成达大厦 3 层　邮编：100028

法律顾问：陈鹰律师事务所　　　　　编辑部：（010）64443056　　　64443979
发行部：（010）64443051　　　　　传　真：（010）64439708
网　址：www.oveaschin.com　　　E-mail：oveaschin@sina.com

前言

纷纷扰扰的生活，熙熙攘攘的环境，每一个女人的内心都随着岁月的流逝而起起落落。做人难，做女人更难。女人需要用自己柔弱的双手和肩膀与男人共同扛起来自生活的重担。《红楼梦》中，贾宝玉说："女人是水做的骨肉，男人是泥做的骨肉。我见了女儿觉得清爽，见了男子觉得浊臭逼人。"女人就像水一样柔和，但是水绝不娇弱。老子在《道德经》中说："天下莫柔弱于水，而攻坚强者莫之能胜，以其无以易之也。弱之胜强，柔之胜刚。天下莫不知，莫能行。"列夫·托尔斯泰曾说："女人是旋转一切的枢纽。"女人如水，柔弱却使其更加坚强。

真正智慧的女人，要懂得善待自己，要让自己快乐。即便是体力、体重远远不及男人，但是却坚决不要输给男人。用自己的智慧，创造一片属于自己的事业；用自己的美貌，为世界添加一抹亮色；用自己的温柔，抚平男人的心理创伤；用自己的贤淑，撑起一个家庭的和谐；用自己的坚强，战胜生活中的困难。女人，从现在开始，有些事情你不懂，一辈子都要后悔。你不要将一切希望都寄托在男人的身上，不要对你的爱情患得患失。女人在这个社会上必须勇敢、自尊、独立、

1

自信，要幸福、快乐、懂得享受生命和生活带来的点滴。即便是面对生活的压力、家庭的负担，时间的匆匆流逝，女人都不要只顾低头赶路，忘了沿途还有别样的风景。

幸福的生活看似很难，其实也很简单。女人只需知道幸福是靠自己创造的，而不是等来的。人生本来就是一段旅程，工作和生活都是。光阴荏苒如白驹过隙，随着年岁的增长，女人的容颜黯然失色。美人迟暮，"倾国"难再复，唯有用聪慧的心灵包裹自己，豁达的胸怀容纳世界。腹有诗书的女人，就像一壶愈陈愈香的美酒，让人流连忘返，沉醉而不能自拔。尽管时间会扫去一个女人青春的红颜，但是却扫不走岁月沉淀下焕发出的品位。

女人的命运是靠自己把握的，智慧能够让女人活出不一样的精彩。智慧的生活方式，智慧的人生感悟，女人就是要脱离狭窄的厨房，脱掉家庭主妇的外套，做一个现代化的知性气质女人。如何做一个幸福的女人？须知，感悟幸福最重要的在于女人的内心。生活中尽管很多事未能如愿，然而把握住自己的心情，一切都云淡风轻。洪应明《菜根谭》云："宠辱不惊，闲看庭前花开花落；去留无意，漫随天外云卷云舒。"女人要学会向生活微笑，摒除杂念，让一切都回归自然。虽然女人不能独享名利，但是却可以尽享人生。

《有些事情现在不懂，一辈子都要后悔》这本书，从事业、爱情、装扮、生活、理财、家庭、修养等 7 个方面入手，深入浅出地阐述了智慧女人必备的 7 个大方向的建议。本书认为，对于一个女人来说，事业很重要，家庭也绝不能忽视。女人可以通过经营自己的事业，实现个人的社会价值；通过爱情的经历，体验出甜蜜的满足感。本书通过对生活、人生的细微剖析，传达生命的真谛。希望女性朋友通过阅读此书，变得智慧，感受快乐，收获幸福！即使到了青丝染霜的时节，也能面对着镜子，感受生命的无悔！

目录

第一篇 · 事业篇：谁言女子无大志

女人也可以顶起"半边天"不应该是一句空话，女人应该积极主动地为自己谋求事业，只有拥有了自己的事业，才能更加理直气壮地得到男人的尊重。事业上风生水起，经济上才能独立，才能够获取社会和生活的安全感，才能够得到心灵上的安宁和满足。有了事业的女人，独立自尊，不依靠男人，活得更加有尊严。智慧的女人不仅仅要学会经营自己的爱情、经营自己的容颜，更要经营自己的事业。

第1章 做自己的"经济支柱"，学好事业的"软本领"

1. 女人，要做自己的"提款机" /4

2. 不做"三转"女人，摒弃"三等"女人 /6

3. "站得高"才能"望得远" /8

4. 敬业，是灰姑娘的"玻璃鞋" /10

5. 不抢"主角"光环，甘当"配角" /11

第2章 不要等姿色"透支"，要靠能力"投资"

1. 颠覆自己徒有其表的"花瓶形象" /14

2. 漂亮的女人像"宝石"，智慧的女人像"宝藏" /16

3. 拥有职场"超能力"，你才能变成"女超人" /17

4. 女人"既要嫁对郎，又要入对行" /19

5. 不做"寄生虫"，有个属于自己的梦想 /21

6. 女人最好的投资是自己 /23

第3章 做"强女人"，不做"女强人"

1. 对梦想，"不抛弃，不放弃" /27

2. 给男人一个喘息的机会，给孩子做一个好榜样 /29

3. 世界上没有"万无一失"的成功之路 /31

4. 安放"靶心"，才能练就"神箭手" /33

第二篇·爱情篇：多情却被无情恼

浪漫美好的爱情是每个女人都十分向往的，但是能够得到一个自己中意的爱人，却不是一件容易的事。元好问说："问世间情为何物，直教人生死相许？"女人对于爱情的依恋，无非是希望能够得到甜蜜和快乐，然而不懂得经营爱情的女人又总是获得痛苦和忧伤。爱情和婚姻不是一回事，却又是不可分割的两个神秘的东西。女人想要获得一份真正的爱情，首先必须要爱自己，学会尊重，学会信任。要找到一个真正爱你的人，你要经得住爱情平淡的岁月考验，这样你才能幸福一生。

第4章　不一样的"红颜"，才能驾驭爱情

1. 女人"坏"一点，不是坏事　/38

2. 不要做男人可以随手脱掉的"衣服"　/41

3. 爱自己，才是一生罗曼史的开始　/43

4. 矜持，男人心中最高的"女人味"　/45

5. 任何需要"仰视"的爱情，都会"一方失重"摔下去　/47

6. 做一个有原则的女人　/49

7. 温柔是女人的法宝　/51

第5章　唯有懂得，爱情才能奏出和谐的乐章

1. 不经失恋，不懂爱情　/54

2. 穿有"质感"的衣服，交有"质量"的男友　/56

3. 婚姻就像"风筝"，掌控的"线"在你自己手中　/58

4. "性福"生活，不是谈"性"色变　/60

5. 如果"过去"不能过去，何谈未来　/62

6. "遗憾"是爱情的至高境界　/64

7. 强扭的瓜不甜，强求的爱不全　/65

第6章　爱情向左，婚姻向右

1. "假面舞会"上的爱情，自欺也欺人　/69

2. 放弃改变男人的念头，接受本来的他　/71

3. 婚姻不是爱情的坟墓，而是延续和归宿　/73

4. 爱人是用来爱的，而不是用来比较的　/75

5. 婚前"睁大眼"，婚后"半闭眼"　/76

6. 学会"示弱"，不做"常胜将军"　/78

7. 婚姻中，女人要懂得"吃醋"的艺术　/80

第7章 别把金钱当安全感，结婚不是为了"脱贫"

    1. 敢于"裸婚"的女人更相信爱情 /84

    2. 不要做感情"物质化"的"拜金女" /86

    3. "女子爱财，取之有道"，别把婚姻当作"脱贫"的工具 /87

    4. 男人如同股票，"潜力股"才是最好的选择 /89

第三篇·装扮篇：浓妆淡抹总相宜

女人要跟紧时尚的脚步，穿衣、化妆、塑身，一样都不能忽略。正确的穿着能够提升女人的气质和品位，靓丽的妆容能够抬高女人的气色和容貌，婀娜的身形能够增加女性的魅力和吸引力。可以说，女人不仅仅要做一个有内涵的女子，更要做一个外表端庄、优雅的女人。只会读书的女人是一本字典，再好人们也只会在需要时去翻看一下，只会扮靓的女人是一只花瓶，看久了也就那样。服饰美容是做好一个女人的必要条件。女人需要多看书，但是装扮同样不可忽略。

第8章 "穿留不惜"，金装才能成就美人

    1. 时装是门"建筑学"，它与比例有关 /94

    2. 服装巧妙搭配，穿出完美身材 /96

    3. 做自己的"色彩顾问"，从色彩中穿出"美感" /97

    4. 装点女人的"饰界"，点缀闪亮的魅力人生 /99

    5. 性感的女人是优雅的 /102

    6. 女人的审美能力，是"逛"出来的 /104

    7. 穿上高跟鞋，让你"步步生莲" /106

第9章 "妆"点面上功夫，绽放迷人风姿

    1. 别做婚前"一枝花"，婚后"豆腐渣"的女人 /110

    2. 告别"黄脸婆"，做回"白瓷娃娃" /112

    3. "面子"重要，别忘记给颈部也"分一杯羹" /114

    4. 女人要做"丁面女人"，而不是"铅面女人" /117

    5. 时尚"美眉"，助你"面子"锦上添花 /121

    6. 女人要"美得自然"，绝不是"自然就是美" /123

    7. 人人都是"外貌协会"的成员 /125

第10章 "塑"不必有"料"，没有胖女人，只有懒女人

    1. 骨感的审美世界 /128

    2. 言谈举止，体现了一个女人的内心世界 /130

    3. 腿上的"小蚯蚓"，让你望"裙"兴叹 /131

4. 正确的饮食，才能给你"好脸色" /134

5. 走路姿势决定你的腿型 /136

6. 女人，就是要"坐有坐相，坐出好样" /140

7. "吃相"是一门必修课，不要一口"吃掉"你的优雅 /142

第四篇·生活篇：乐在其中便逍遥

热爱生活，就要学会享受生活，而享受生活是每个女人的权利。生活中任何事情都要拿得起，放得下。生活既是多姿多彩的，同时也是平淡乏味的，会享受生活的女人，生活就是绚烂多彩的，而只顾埋头苦干的女人，生活劳累困顿。女人，对于享受生活来说，任何外界的东西都是多余的。比如一个毫不相干的人的评价，一个别人的冷眼和嘲笑。也许你的生活并不富有，但是你必须拥有强健的体魄；也许你生活在嘈杂的社会环境中，但是心若幸福，何处不花开？

第11章 在不知足中努力，在知足中生活

1. 女人的妒忌心，是烦恼的根源 /148

2. 过分追求完美，也是一种贪婪的表现 /149

3. "青菜豆腐"一样养活人 /152

4. 女人，最大的悲剧就是不知道"知足" /154

5. 习惯仰视的人，必然滋生烦恼 /156

6. 放下"重负"，才能轻松前行 /157

第12章 女人，不要"亏待"自己，要为健康埋单

1. 健康的身体才是美丽的资本 /160

2. 妇检，女性一道重要的"护身符" /161

3. 便秘是癌症的"温床"，不可小觑 /164

4. 衡量健康，"五快"、"三良好"是标尺 /165

5. 加强体育锻炼，避免脂肪成堆 /168

6. 告别"女人味"，做无"炎"女人 /170

第13章 0.8生活哲学，女人不可不知的生活智慧

1. 拥有幸福能力，生活才会"改头换面" /174

2. 人生就是一个"加减乘除"的过程 /175

3. 能够"存在"，就是一种幸福 /177

4. 女人如花，一生只为努力开放 /179

第五篇·理财篇：卓越理财重规划

没有人能随随便便成功，也没有人的财富是与生俱来的。即便是有些人有座金山、银山，但是若不能好好地经营自己的财产，最终也会失去所有的财富。财富是靠经营的，这一点毋庸置疑。女人只有学会了理财，学会了投资，才能够充分地利用手中的有限资源，打造自己的闪亮王国。理财致富一定要走好三步：消费、储蓄和投资。理智消费，能够保卫你的财富；培养良好的储蓄习惯，能够稳步地向财富靠拢；合理的选择和缩小风险，然后去投资。管理好自己的家庭账户，做一个合格的"管家婆"。

第 14 章　打造自己的"黄金存折"，管理自己的财富

1. 告别"月光女神"，有一个"只存不取"的户头　/184

2. 未雨绸缪，为自己准备一份"风险保障"　/186

3. 任何一个男人，都不是女人的"长期饭票"　/188

4. 学会记"流水账"，及时掌握消费状况　/190

第 15 章　做当家的"一把手"，控制好手中的"风筝"

1. 你是家庭"主"妇，还是家庭"煮"妇　/194

2. 做个"驯钱师"，不做"守财奴"　/196

第 16 章　学会投资，让口袋里的钱转起来

1. 储蓄是"加法"，投资是"乘法"　/199

2. 思维方式直接影响投资结果　/201

3. 不要将鸡蛋放进一个篮子里　/203

第六篇·家庭篇：相爱为属睦为亲

一个聪明智慧的女人，应该懂得享受自己的家庭生活，在家庭生活中找到自己的幸福快乐。家庭生活对于女人来说，是人生中最重要的一部分，女人如果能够拥有一个和平快乐的家庭氛围，对于事业和其他方面都具有巨大的帮助。父母、孩子、爱人以及一切身边最熟悉的亲朋，他们都需要你的热情和时间。要知道亲情就像一个静静的港湾，让你消除远航的疲惫。永远都不要冷落和放弃你的亲人，要用爱和信任、用真诚和热情去维护你的亲情。

第 17 章　血浓于水，家人是一笔无形的财富

1. 养儿方知报母恩，是时候"尽孝道"了　/208

2. 父爱如山，肩负一切的"背影"　/210

3. "走动"亲戚，防止"边缘化"　/212

4. 亲人之间，不要搞"亲"和"疏"　/214

5. 以诚相待，让婆婆视你如己出　/216

第18章　将心比心，用多角度的方式去观察孩子的丰富内心

1. 别拿孩子当"赌注"　/219

2. 女人爱孩子，但别"溺爱"孩子　/221

3. 书籍是替代"玩具"的最好礼物　/223

4. 孩子的成长，不需要"保姆式代劳"　/224

5. 知己知彼，谈心才知心　/226

第七篇·修养篇：一片冰心在玉壶

做精致的女人，不能"金玉其外，败絮其中"，而应该"外在清丽俊秀，内在底蕴深厚"。只有内外兼修，才不怕时间的流逝剥夺外在的美丽容颜。一个仅仅靠穿衣、化妆来提升修养的女人是浅薄的，内心是空虚的。女人应该多读书，这样你才能成为一个"前半生有美貌，后半生有内涵"，永远具有吸引力的女子。一个智慧的女人不仅拥有丰富的知识内涵，而且还具有良好的性格，优秀的品质。她们自信勇敢，却又懂得适时地示弱。懂得宽容、乐观，同时用那似水的柔情化解铁骨铮铮的硬汉。

第19章　补充大脑的"营养"，让肚子里的"墨水"越来越多

1. 做一个姿色与内涵"双赢"的女人　/232

2. 女人应该"上得厅堂，下得厨房，打扮精致，口吐华章"　/234

3. 爱读书的女人，是一道亮丽的风景线　/236

4. 没有主见，让女人成为"隐形人"　/238

第20章　气定神闲，才能闲看庭前花开花落

1. 不发"无名火"，不找任何人做负面情绪的"替罪羊"　/242

2. 爱笑的女孩，运气都不会太差　/244

3. 眼前有"阴影"，转过身，背后就是"阳光"　/246

4. 自信，是女人最好的"装饰品"　/247

第21章　口吐珠玑，好口才展现迷人风采

1. 诙谐幽默是女人最漂亮的服饰　/250

2. 留点"口德"，长点"品德"　/252

3. 与其"喋喋不休"，不如"耳聪目明"　/253

4. 轻启朱唇，"三明治策略"的批评易于接受　/255

5. 女人"盛气"可以，但不要"凌人"　/258

第一篇

事业篇:谁言女子无大志

女人也可以顶起"半边天"不应该是一句空话,女人应该积极主动地为自己谋求事业,只有拥有了自己的事业,才能更加理直气壮地得到男人的尊重。事业上风生水起,经济上才能独立,才能够获取社会和生活的安全感,才能够得到心灵上的安宁和满足。有了事业的女人,独立自尊,不依靠男人,活得更加有尊严。智慧的女人不仅仅要学会经营自己的爱情、经营自己的容颜,更要经营自己的事业。

第 1 章
做自己的"经济支柱"，
学好事业的"软本领"

女人拥有了事业，才有了真正的资本，因为事业可以带给女人经济上、精神上、人格上的独立和自由。家庭是女人的精神支柱，事业也是女人不可或缺的一个重要部分。女人只有投入自己的事业中，才能实现自己的人生价值，才能活出自己的精彩，才能与社会同步，才能够散发出女性最大的魅力。女人不仅仅要处理好自己的事业，同时也要处理好事业与生活的关系，要有自己的经济基础，同时还要学会如何在自己的事业中积攒本领，蓄势待发，一蹴而就。

1. 女人，要做自己的"提款机"

● **智慧女人私房话**

　　著名的魅力女人靳羽西曾说道："我认为女人最重要的是经济的独立。我现在最大的自由是，我可以从自己的口袋里掏钱买书、买我喜欢的衣服，这是女人最大的自由。现在许多年轻的女孩子需要什么东西的时候就对她的男朋友或爱人说我喜欢这个我喜欢那个，她们是不自由的。我以前曾经嫁过一个很有钱的男人，可是他没有给过我一毛钱。"

　　一个靠男人养活的女人，其实是非常可悲和可怜的。在现代的社会中，女人和男人一样，都可以靠自己的能力，确立自己的社会价值。但是，随着社会上流传"干得好不如嫁得好"这句话的误导，让很多女人将这种不切合实际的想法作为了自己奋斗的目标，最后自己没有了事业、没有了经济来源，年龄大了，遭遇婚变，悲惨的人生就这样产生了。俗话说："伸手要钱，矮人三分。"如果一个总是把独立挂在嘴边的女人，却每天伸手向男人要钱，长此以往，再漂亮的女人也会让男人心生厌倦。

　　女人在经济上不能够独立，那么必将受制于人，动摇自己在家庭中的地位。有句话说："经济基础决定上层建筑。"女人要有自己的经济基础。在现实生活中，经济独立的女性总是能够让男性刮目相看，女人因为有了经济独立，那么她做事才会更加地有信心，说话也会有底气。女人并不一定要大富大贵，但是至少养活自己应该没有问题。一个靠男人养活的女人，本身就失去了自身的价值。若要让自己活得有尊严，你最好把你向男人说的"给我"变换成"我给"。一个女人，最大的人格魅力就是她拥有自己的经济权，取得自己的经济独立。不依赖父母，不依靠男人，这就是做女人最大的价值。

晴秋是一个很漂亮的女孩子，在结婚之前是做文秘的。结了婚因为丈夫不愿意她吃苦，所以就同意丈夫的想法，在家当起了全职太太。有的时候买菜、买米，都要打电话给老公，因为家里面的钱都是归他管的。有一次，晴秋的大学同学王艳来家里找她逛商场，两个人在走之前，晴秋就一直给老公打电话，希望能要点钱和好友去逛街。结果老公接了电话说很忙，稍后打给她。晴秋无奈，硬着头皮就和王艳一起去了商场。

王艳很高兴地试衣服，然后自由地想买什么就买什么。一旁的晴秋非常羡慕她，王艳看到晴秋没有买衣服，也不试衣服就问她："晴秋，你怎么不试衣服啊？不喜欢吗？"晴秋摇摇头说："我在等老公的电话呢，你先买吧！"王艳说："还等什么啊！就一起试穿吧，我把钱借给你。"晴秋看到王艳这样的感觉，忽然心生羡慕地问："王艳，你老公对你真好！"王艳听她这么一说，笑着说："不是老公对我好，是我自己对自己好，我自己虽然在家做全职太太，但是利用闲暇的时间帮人家打字赚钱，这样自己花钱才可以不求人。"晴秋努力地点点头。

经济要独立从来都不只是男人的事情，虽然在家里，男人是家里的"顶梁柱"，有义务养活整个家庭。但是女人同样也有这个责任，应该为男人撑起半边天。一个没有为家里做出实际的经济贡献的女人，即便是在自己的孩子眼里，地位也会低一级。一个女人若想要获得成功，需要走出厨房，走出情场，走到商场学会赚钱。女人不要忘了，拥有金钱也是女人的资本之一。作家亦舒说过："女人经济独立，才有本钱谈人格独立。如果经济上依赖男人，就只能叹一句：出走以后，不是回来就是堕落。"

女人，只有在经济上独立了，才能做到真正的独立。倘若想要自己的经济独立，就必须要有养活自己的事业。作为现代社会的女人，就应该从厨房中解放出来，发展自己的事业，努力实现自己的人生价值。能够在事业上取得成功的女人，拥有自己的经济"小金库"，活得不再卑微，更不用担心男人变心或者背叛。戴尔·卡耐基说："作为现代女性，一定要经济独立，要有经济来源。女人经济独立，才有本钱谈人格的独立，如果在经济上完全依靠男人，你就会活得很悲哀。"为了自己能够活得轻松、洒脱，试着开创自己的事业，取得经济上的独立吧。

2. 不做"三转"女人，摒弃"三等"女人

·智慧女人私房话

美籍华人喜剧演员黄西说："真心做自己喜欢的事，倾听内心深处的声音。从失败中学习，尝试了一些东西，有了失败的感觉，才知道自己喜欢什么。看自己擅长什么，而不是看大家都在做什么。行业没有贵贱之分，选择职业也是。走的路跟别人不太一样，不一定是坏事。"

女人，不到迫不得已，一定不要去做"全职太太"。作家曾子航说："老婆熬成'黄脸婆'，过去现在的原因各有不同。过去，黄脸婆是过多的生育给逼的；现在，则是过多的家务给害的。"女人不要做"三转"女人，一旦结了婚就只知道围着丈夫转、围着公婆转、围着孩子转，永远都不可能活出自己的精彩。更不要"与时俱进"，转变成为"三等"女人，等着老公下班、等着孩子放学、等着电视剧开播。女人应该有自己的事业，更应该有自己喜欢的职业。不要惧怕失败，也不要理会你的职业是否符合社会的主流眼光，你只需做自己的事情，倾听自己内心的声音就够了。

有人曾经说过："女人，人生有两件大事，一是找到一份满意、自己

喜欢的工作，二是嫁一个自己喜欢的人。这样工作的时间是快乐的，下班的时间是幸福的。"的确如此，工作是人生中重要的事情之一，一份工作的好坏会直接影响到一个人的终身幸福。工作的意义并不在于你能赚多少钱，却在于你能够顺利地实现自己人生的价值和能否胜任。找一份工作的前提是自己一定要喜欢，只有喜欢才有可能热爱，才有可能在职业道路上找到适合自己的位置，发挥自己的才能，从而比较容易成功。

小娜是一个文化不高的女孩子，只念过初中，就到饭店里面做了服务员。虽然长相出众，但是学历上的限制，小娜只能做一些比较简单的工作。她一心盼望自己能够找到一个照顾自己一辈子的白马王子，自己就可以在家做全职太太，不用出来工作了。

小娜凭借自己出众的长相，找到了一个常来饭店吃饭的老板做丈夫。婚姻的前两年的确很幸福，并且自己也没有再出来继续工作，而是在家相夫教子。小娜虽然文化程度不高，但是却很喜欢制作手工娃娃，家门口的公交站附近有一家手工娃娃厂招女工，小娜一直想要去试一试，但是丈夫觉得小娜去做那种工作会给自己丢脸，又怕小娜在家里面待着无聊。于是，将公司里面打字员的工作让小娜去试试。

工作了一个多月，小娜做得一点都不开心。每天面对一些自己读不懂的文件，还要一遍遍机械地敲着键盘，她决定还是回家乖乖地相夫教子。随着时间的流逝，小娜逐渐地熬成了"黄脸婆"，为了守护住自己青春的容颜，她每次花费在美容护理皮肤上的费用都在几千元以上。起初丈夫并没有说什么，后来就剥夺了她的经济大权。小娜因为自己没有赚钱，也不好意思和丈夫争什么，她忽然间觉得自己在家里面就像一个保姆，一点地位都没有。

当一个女人沦落为"三等"、"三转"女人，那么每天的任务就是"混"日子了，在极尽无聊的时光中，大把大把地挥霍自己的青春，随着时光的流逝而日渐衰老，最后被男人无情地抛弃。女人至少应该有自己的事业，并且在自己喜欢的事业上有所作为。这样即便是时光无情，在眼角流下痕迹，但是你拥有自己的价值，你在工作上的出色表现也能赢得丈夫的认同和尊重。因为你也是家里面经济支柱之一，你有一份自己能够胜任并做得相当出色的职业。

戴尔·卡耐基说："一个人只有热衷于自己的工作，他才不至于为工作而忧虑，并且很可能会取得成功。而热爱工作的前提是做出合理而恰当的职业选择，在此过程中一定要小心慎重，切莫草率行事。"女人倘若想要在一个合适的职位上做出一番业绩，首先必须花点心思弄明白自己适合什么职业，根据自己的爱好和能力选择自己的职业，这样你就可以既不高估自己，也不随便看轻自己了。

3. "站得高"才能"望得远"

· 智慧女人私房话

胡雪岩说："做生意最要紧的是眼光看得到一省，就能做一省的生意；看得到天下，就能做天下的生意；看得到外国，就能做外国的生意。"

智慧的女人要将自己的眼光放得长远些，要能够站在长远的角度去考虑问题。女人的精明不仅仅应该体现在聪明的头脑，同时还应该体现在平时的工作细心和计划上。一个女人面对自己的工作，不要只看眼前的利益，要为自己的长远发展做打算。一个人的工作生涯是漫长的，如果你现在还年纪轻轻，那么在退休之前的漫长时间你要如何度过呢？就这样庸庸碌碌吗？智慧的女人应该有长远的事业规划和发展计划，只有明确目标，确定实施细则，促使自己朝着这个方向分步骤、有理性地逐步实施，才能推动事业稳健地向前发展。

荷马史诗《奥德赛》中有一句至理名言："没有比漫无目的地徘徊

更令人无法忍受的了。"的确是这样。一个人的未来有多长我们不知道，未来就像晨雾中的花朵，虽然飘着幽香，但是却看不到，摸不着；未来也像一个谜团，让人费尽脑筋去考虑。既然未来长远，望不到头，那么智慧的女人就应该站在长远的角度去想象一下，规划一下。千万不能因为未来模糊不清，就自乱阵脚，或者像瞎子摸着石头过河，这样不仅不能成功地到达彼岸，还可能一脚踏进泥水，被洪水吞没。

刘莉莉和郑虹都是热情、开朗的人，两人同时毕业于一所名牌大学的经济系，并一同进了一家外贸公司做普通的销售员。刘莉莉很是喜欢这份工作，在入职三个月后，就针对公司部门的实际职位构成，给自己做了极为详尽的职业发展规划，计划在一个月内熟悉市场，并拿下一个订单，获得留职资格。在两年内做到销售小组长的职位，五年内做到销售主管的职位，同时还有十年计划、二十年计划，不同的发展阶段都有不同的目标，还有极为详尽的实施计划和规划。

刘莉莉每天都在为自己的目标而不断地努力前进，不断地给自己充电，考了英语证书，不断地提高自己的专业水平。在与客户沟通的过程中，也不断地总结，掌握了不同客户的心理特点，锻炼自己的口才，经过不断地学习努力，五年后，刘莉莉终于坐到了销售主管的位置，收入也比五年前增加了几倍。

而郑虹则每天只是为自己的生计而工作，并没有规划好自己未来发展之路。在工作一年之后，就结了婚，又购了房，生活的重压使她无法脚踏实地地工作，其间，不断地更换工作，频繁跳槽，五年之后，一无所成，还在一家电子公司做着普通的销售，基本上拿着五年前的工资水准。

人生的目标和计划对于一个人的影响是很大的，手忙脚乱的女人只会让自己在工作中变得越来越糟糕。能够及时地给自己拟定一个计划，可以营造好自己的工作，同时让自己在他人手忙脚乱的时候从容镇定。每个人的内心深处都有一种成功发展的渴望。为成功制订一份书面计划，成功的事业还需要准确的、文字性的计划。确定自己的职业目标，规划自己的职业生涯，提高自己的就业能力，制订自我发展的行动计划，对于个人的发展来说必不可少。

一个好的工作计划是根据自身的条件来拟订的，有的时候计划还需要做出相应的调整，要根据时间来分配自己的计划，避免手忙脚乱地忙工作。另外，最好是有一个完成计划的数量或者质量的指标，这样可以直观地看到自己的进步和计划，有利于更大的进步和鼓励。另外，要充分地利用好一天的时间，不要总是把工作堆到最后，这样会造成比例的失调，一旦计划制订好了，就要按照计划认真执行，不要给自己找各种懒惰的借口。

4. 敬业，是灰姑娘的"玻璃鞋"

· **智慧女人私房话**

松下幸之助说："责任心是一个人成功的关键。对自己的行为负责，独自承担这些行为的哪怕是最严重的后果，正是这种素质构成伟大人格的关键。"

当一个人养成了尽职尽责的习惯后，他的工作能力和工作效率就会得到大幅度的提升。对于事业中的女人，责任心尤其重要。责任心不仅仅是男人应该有的优秀品质，同时也是女人必不可少的事业敲门砖。敬业，让女人更加美丽。一个女人倘若想要在事业上有所成就，首先，她必须是一个敬业的职员。一个长相倾国倾城，才华横溢的女人，倘若不具备敬业之心，她在老板的眼中，同样是一个不合格的员工，甚至由于不够敬业使得本来占据优势的样貌和才华也会跟着下降。

每一个女人都是灰姑娘的蜕变，事业对于女人来说并不是可有可无的。女人只有事业上不甘落后，经济上才有自己独立的地位，才能在关键时刻不受制于人。然而经济上的独立就意味着必须在事业上做出成就，想要做出成就，责任心是必不可少的因素。敬业就好像是灰姑娘转变成公主的"玻璃鞋"，它会让女人在事业上看去是那样地与众不同。

也许在人生奋斗的舞台上，每个人都有自己独特的本领，但是能够成功还关键在于是否具有强烈的责任心。敬业的女人是美丽的，即便在同性的眼中也是如此。敬业是一种职业态度，是一种使命，更是一种崇高的精神。我国伟大的思想家孔子称敬业精神为"执事敬"，朱熹将敬业解释为"专心致志，以事其业"。一个在事业中具备责任心的女人，在生活中也一定是一位合格的妻子，是一位伟大的母亲。

5. 不抢"主角"光环，甘当"配角"

· **智慧女人私房话**

　　网络作家流潋紫的《甄嬛传》中，甄嬛曾说："有时候一动不如一静。"

在这个世界上，没有谁愿意一辈子都充当无名小卒，充当一辈子配角。

其实无所谓主角还是配角，只要你心里面记住，在你的世界里，别人无论怎样光彩，你自己都是永远的主角就可以了。当别人在议论某事的时候，你不要说话，只管听着，这样既不会影响你的形象，也同时会让对方大显身手，这才能显示出你的气度。在接触工作中的那些主角的时候，不妨礼让三分，让他们感觉到自己受到了尊重，这样他们也会感动，也会充分地信任你，用各种形式来报答你。女人在事业中一定要记住：不要去抢主角的光环，甘当配角是通向成功的必经之路。

王艳是一家出版社的写手，每次在写东西的时候，都有一个收集资料的徐婉茹帮忙组稿和润色，王艳每次都能拿到高薪水，但是徐婉茹拿到的薪水却少得可怜。虽然徐婉茹不说什么，但是这些都被王艳记在心里。

两年之后，王艳的一部作品终于走红了，在新闻发布会上，王艳被媒体冠以很多的光环，但是站在台下的徐婉茹什么都没说，和她一样开心地笑着。站在台上的王艳眼含泪光，她说她需要感谢的人太多太多。王艳在不久后就被出版社签为签约的专业作者，每个月意味着可以拿到更多的钱。很多写手都十分羡慕王艳，当然也包括一直充当配角的徐婉茹。有的人提醒徐婉茹找王艳要钱，因为毕竟她才是作品的真正作者。但是这一提议被徐婉茹拒绝了，在徐婉茹看来，王艳的成功说明自己在写稿方面是有可能成功的。

后来，王艳推荐了徐婉茹继续她的位置创作，并对很多人说："徐婉茹是一个很优秀的写手，我相信她会写出比我的作品更加优秀的东西来。"徐婉茹拥抱了王艳，并感激地泪流满面。但是在徐婉茹的左肩上，王艳深情地说："婉茹，我的成功就是你的成功，你没有在我成功的时候与我争抢，仍然低头认真地做自己的事情。你让我敬佩。"出版社后来在寻找新作者签约的时候，王艳主动和出版社推荐了徐婉茹，徐婉茹终于能够像王艳一样，拿着高薪，写自己的稿件了。

女人的忌妒心是非常强烈的，所以在工作中，有些女人从来都不会韬光养晦，总是在工作中展现得锋芒毕露。在分配工作的时候，不合时宜地出现，为了抢风头，力压主角的光环，这让主角心里嘴里都不是滋味。所以往往很多爱争风头的女人在不知不觉中就被"主角"给铲除了。甘当配角也是一种勇气，女人最该有的奢侈品就是勇气。现在的生活中，很多成功女士为人处世都十分低调，这种低调不但不会降低她们的身份，反而让人多增一份敬意，在拉近与他人之间距离的同时，进行自我保护。

第 2 章
不要等姿色"透支"，
要靠能力"投资"

　　青春是一碗太容易就吃光的饭，美丽和容颜是一幅优美却暴晒于郊外的画卷。风和日丽，画卷抢眼，一旦乌云密布，大雨倾盆，就不再有早日的风光和高贵。漂亮的女人是一棵养在温室中的花朵，娇艳、美丽却抵不过岁月的磨砺；智慧的女人却是一棵长在戈壁滩上的白杨，风吹雨打，日渐坚强。有能力的女人靠智慧解决问题，不怕时间的流逝，她们在职场中厮杀，闯出一片自己的天地。容易透支的姿色不是聪明女人倚仗的武器，她们靠自己的能力投资，让自己成为"人上人"。

1. 颠覆自己徒有其表的"花瓶形象"

德国诗人歌德说过："你若喜爱你自己的价值，你就得给世界创造价值。"一个没有能力的女人是无法在社会中立足的，在这个竞争激烈的社会，女人想要别人高看你一眼，你必须具备能力，不断地提升自己的专业素养，让别人感受到你的价值感、你的存在感。你必须知道只有那些有能力的人才会越活越顺利，没能力的人，只会无情地被社会抛弃。其实，在现实的生活中，女人并不只是仅仅能在厨房中找到自己的价值，在工作中，女人同样不会比男人差，当一个女人展露出自己的才华的时候，那种人人艳羡的目光就是一个女人有魅力、有气质的最好证明。

当你在职场中，或者生活中，身边的人能够用到你的专业知识，你可以很专业地解答他，这个时候你就立即浑身闪亮，充满光芒。女人的美丽很重要，但是美丽是时间可以剥夺的，而能力是随着时间的流逝，积累得越来越多的，只有不断地提升自己的能力，你才能变成一个更有魅力的女人。人们总说："一个成功男人的背后，总有一个伟大的女人。"一个头脑聪明的女人总是能够吸引男人的目光，因为她们在工作中很有自己的想法。

丹尼尔是一家公司的财务主管，手下有一些出纳和薪酬统计员，公司里面最近来了两个新人，都是应聘薪酬统计的。艾莉丝是一个长相甜美，身材高挑的女孩子，而娜塔莉则是一个长相普通，但是身材略微胖一些的女孩。两个人共同竞争一个岗位，考察期是三个月。

第一个月，两个人都能够按照要求的时间完成工作，工作也没有丝毫的差距。丹尼尔给两个人的打分都是90分。办公室里面的人都纷纷过来给她们两个人道喜，两个人也更加努力地工作了。丹尼尔又拿出了一部分比较繁杂的工作交给两个人，要求是"零质疑率"。

第二个月，艾莉丝工作顺利完成，而且得到了"零质疑率"。但是娜塔莉工作完成得不是很好，有十几个员工质疑自己的工资。娜塔莉的心里很不服气，她觉得大家一定是因为艾莉丝长得漂亮，都喜欢她，所以才会这样为难自己的。丹尼尔给艾莉丝打了95分，娜塔莉则是58分，没有及格。

第三个月，两个人都接到了超出薪酬以外的工作，虽然做起来比较费时，但是艾莉丝依旧是一丝不苟，拿着计算器一遍遍地算着，然后做了几份报表，一一比对，然后修改，再根据提交上来的工作量分别给员工加薪酬。而娜塔莉因为上个月的不及格心情受到了很大的影响，计算报表的难度让她感到心烦意乱，她的工作都没能够完成。

最后公司决定留下艾莉丝，娜塔莉则认为大家是因为艾莉丝长相出众才选她的。丹尼尔笑着面对娜塔莉的质疑，没有说什么。丹尼尔的助理拿出了报表的全部内容，让娜塔莉自己查看。看到艾莉丝的工整和完备，还有工作的良好习惯，娜塔莉最后承认自己的能力的确不如漂亮的艾莉丝。

有人说，女人想有魅力，先有能力。你能否嫁一个好老公，找到好工作，前提都是你必须有能力。你有能力才能去驾驭自己的生活，控制自己的思想，从而影响你的体态，你的价值观发生改变，你的穿着及化妆手法就会改变，你不需要紧追时尚，因为也许你就是下一个时尚的开拓者。长相出众的女孩更应该提升自己的能力，要尽自己的全力，亲自为自己摘掉"花瓶"的称号。女人不是不能做"花瓶"，而是不能做一个无用的"花瓶"。女人不仅要长得漂亮还要有能力，尤其是你有外貌条件的情况下，更应该有能力。

2. 漂亮的女人像"宝石"，智慧的女人像"宝藏"

· 智慧女人私房话

　　一个内涵丰富，拥有智慧的女人永远都不会随着时间而衰落，反而愈显浓香；而一个漂亮的笨女人，随着时间的流逝，她们的外貌已经不再，很快就缺乏了吸引力，让男人感到厌倦。

　　智慧的女人是有魅力的，魅力是女人的护身符，它是比美丽更有价值的东西。女人的美丽会因岁月的漂洗而褪色，花开花落终有时，而智慧女人的魅力却会因岁月的淘洗而放出耀眼的光华，会因岁月的深藏而散发出醉人的醇香。聪明的女人应该是林徽因那样的女人，让三个男人都为她痴迷，一个是建筑大师梁思成，一个是诗人徐志摩，一个是学界泰斗，为她终身不娶的金岳霖。这就是女人的头脑，懂得选择自己所爱的，并让男人更加珍惜自己，不惜花掉一生的时间去等待。

　　男人要成功，贤内助是很重要的，女人的头脑对于男人来说是很重要的。民间有谚语讲："家有贤妻，夫不遭横祸。"许多女人华丽的外表下，总是隐藏着一颗没有智慧的心，这样的女人会分散男人的注意力，毁掉男人的一生。这就是我们多数看到美男的身边都是长相平庸的女孩的原因。女性的智慧就是灵性，有智慧的女人懂得调节生活中的乏味，能够帮助男人分担生活中的困难，有些时候还充当着"军师"的任务，这个时候的女人也是美丽的典型。

人们总说："一个成功男人的背后，总有一个伟大的女人。"一个头脑聪明的女人总是能够吸引男人的目光，她们懂得适时地装傻，同时也懂得用自己睿智的头脑来掩盖自己不太美丽的外表。智慧的女人经常能在思想上与优秀的男人达成共识，帮助男人进取、拼搏。而没有头脑的女人总是发生一些低级的错误，还会为了男人的想法而哭闹，扰乱男人的思维，让男人的想法寸步难行，同时也会让男人更加地厌恶自己。

智慧是可以放大女人的生命的，同时可以无形之中提升一个女人的女性魅力，有头脑的女人就像被放了防腐剂，无论时间多久，你都能品到她的香气，而没有内涵的女人，经过一段时间与氧气的接触和氧化，她就失去了原有的光泽，变得模糊腐烂，散发出讨厌的气味。才貌双全的女子可谓是凤毛麟角，但是才貌双全也是把"才"放到了最前面，放在了"貌"的前面，说明在很多人眼中，有内涵胜于有美丽。漂亮的女人如果是一块宝石的话，那么，聪明智慧的女人就像是宝藏，让你永远有挖不完的惊喜。

3. 拥有职场"超能力"，你才能变成"女超人"

· **智慧女人私房话**

著名画家毕加索说过："优秀的艺术家复制别人的作品，更优秀的艺术家则偷窃别人的作品。"

乔布斯曾经说过："我从来不以偷窃别人的伟大作品为耻。"其实这种"偷窃"不是我们平时理解意义上的偷鸡摸狗，而是一种"拿来主义"。女人在职场中能否走向成功就在于你是否懂得"拿来"之道。其实在很多精英者的头脑里，"偷窃"不是单纯地模仿，因为伟大的作品在进入我们思维的那一刻，它已经有着更加伟大的面貌展露于世，这就是一种职场中的"超能力"。在天才的艺术家眼中，任何一个作品都不是一个想法，他们会根据这个作品幻化出更多的优秀作品。"拿来主义"不是简单地抄袭，"抄袭"也可以繁衍出创新，女人做事情想要事半功倍就要学会"抄袭"。

有能力的女人在职场中才会有所成就，什么是能力，就是同样的员工，在同样的工作环境中，拥有共同的工作条件，却能够做出不同的业绩。女人在职场中要善于"拿来"，俗话说："聪明的人复制作品，伟大的人窃取灵感。"在职场中并不是每个人都有人教你如何做，而是通过形形色色的人在工作中的表现，汲取他们的精华，建立一套利于自己的工作方法。就是你如何在众所周知的作品中创新，演绎出让一样东西只属于自己的标志，然后让它成为一种优秀的新品。

李沐阳是一家电子公司的发明家，发明了一种叫"凌翔滑移"的电子产品，但是在还没有上市之前，被她的助理王亚娟看到了发明的原理，王亚娟自己通过"凌翔滑移"的了解，又在它的基础上制造出了"凌波漫步"的电子产品。这种产品无论是从外观还是内核，都胜于之前李沐阳创造的"凌翔滑移"，王亚娟也通过自己的这个设计获得了国家的专利，并获得了新一代电子发明家的荣誉称号。

很多电子界的人都觉得王亚娟这事做得很不地道，但是在李沐阳的眼里，虽然自己很生气，但是她不得不承认，王亚娟的确在发明这一块超越了自己很多。她要做的就是怎样继续改装自己的设计，继续超越，而不是纠结于所谓的个人恩怨。一年里，王亚娟赚到了很多的荣誉和金钱，李沐阳却始终在做着超越的研究。

一次，她在以往别的发明家那里发现了一个类似自己的"凌翔滑移"的发明，通过她自己细心研究，再加上比对王亚娟的"凌波漫步"，她改装成为了新一代电子产品。她的新产品再一次在市场上走俏，赢得了众多的荣誉和掌声，王亚娟默默地对她竖起了大拇指。

现在许多女性的工作能力并不低于男性，应付自己的衣食住行绰绰有余，没有哪个男人是靠得住的"长期饭票"，要知道"靠山山会倒，靠人人会跑，只有靠自己才最好"。女人想要靠自己的能力超越男人，就必须要有事业上的能力。也许在工作中，有的人有靠山，有的人长得漂亮，但是只要你有能力，你就能够在职场中走出一条成功之路。女人一定要发现自己才是最靠谱的"潜力股"，有不一样的聪慧头脑，有不输给男人的工作能力，又怎么会没有一个成功的人生呢？

4. 女人"既要嫁对郎，又要入对行"

· 智慧女人私房话

戴尔·卡耐基说："如果你的年龄在18岁以下，那么你可能即将做出你生命中最重要的两项决定：第一，你将选择谁做孩子的父亲；第二，你将选择一个什么样的工作。这两项决定对你的幸福、你的收入、你的健康，可能有深远的影响；这两项决定可能造就你，也可能毁灭你。"

每一个生活在社会中的女人都要面临两个最重要的决定，一个是你的婚姻，一个是你的工作。这两种选择都是影响你一生的重大决定。俗话说："男怕入错行，女怕嫁错郎。"现代社会中的女人，既怕嫁错郎，又怕入错行。因为一旦入错行，继续做下去就是一种无尽的痛苦，而转行也是一种不轻松的艰难。人生之中，没有多少时间来给女人重新安置自己的选择，在离开学校之后，你就要为自己的工作奋斗，并找到准确的方向一直拼搏下去。

对于一个女人来说，最悲哀的事情莫过于你拼尽全力爬上了一堵高墙，却发现搭错了梯子。很多女人在职场中积累自己的资本，在一点点积累和拼搏之后，马上就要有所成就，然后在平步青云之际却发现入错行，那么先前努力的光阴就全部被抛弃了，你日积月累地积蓄也会像货币贬值一样，慢慢地缩水了，然而青春的一去不返却来不及给我们自己纠正错误的时间。女性在选择工作的时候，正确的职业之路不是高薪也不是专业对口，而是适合自己，并能够实现自己人生价值的岗位才是最正确的选择。

今年已经33岁的刘梅，现在在一家知名的企业做销售经理。大学毕业以后，很多同学都选择一些专业对口或者喜欢的工作了，当时刘梅由于种种压力，不得不选择销售这个行业。起初，刘梅的事业做得有声有色的，不仅提成高，工资待遇也不错。刘梅很快就在同学中成为了高收入者。她是旁人艳美的有为青年，同时也是家乡人引以为傲的榜样。

但是，做销售背后的心酸只有刘梅自己才知道。本身自己是本科大学毕业的学生，由于没有找到专业对口的工作才一直做到了今天。工作上的压力让刘梅感到呼吸困难，她再也不愿意应付那些越来越多的应酬、出差，频繁的商业交往，让刘梅变得日益寡言。

现在老公劝刘梅实在不行就自己在家做主妇，但是这些年习惯闯荡的刘梅又如何安心在家闲置呢？放弃眼前的工作，那么之前的所有积累，自己一步步爬到销售经理的职位全部都会付之一炬。然而去做一些别的工作，自己的年龄太大，而且很多工作自己并不甘心重新开始。现在的刘梅走在了人生的十字路口，对于过去没有想好就随意选择了自己的工作感到十分地后悔。

文中的刘梅在当初没有选择一个适合自己的行业，即便在事业上做得风生水起，也总有诸多不尽如人意。其实，女性在选工作之前，一定要先问清自己，自己的优势在哪里，想要在哪个领域发展，获得什么样的结果，这些客观的原则问题是一定不能忽视的。一份适合自己的工作一定是能够最大限度实现自身价值的工作，好的工作不是高薪高位，也不是待遇好，而是自己在工作中能够享受到乐趣，并释放自我。

5. 不做"寄生虫"，有个属于自己的梦想

· 智慧女人私房话

英国女作家弗吉尼亚·伍尔夫说："每个女子都必须有自己的房间，经济独立可以使女人不再依赖任何人，可以平静而客观地思考，以自己的性别体验'像蜘蛛网一样轻附着'在人身上的生活。"

经济基础决定上层建筑，无论什么环境，无论哪个时代，经济独立都是女人享受生活的前提和保障。只有经济上独立，才能在自己铸就的堡垒里安享幸福。人们都说："金钱不是万能的，但是没有金钱是万万不能的。"在现实社会中，没有钱什么事情都做不成，结婚买不起房，路远打不起车。生活离不开钱，每个女人都应该在自己的内心深处藏着一个"富婆梦"。中国著名的香港女作家张小娴说过："女人想要的东西不外三样：男人、爱情、安全感。"但是没有了钱，男人不能给你依靠，更不能给你安全感。所以，女人的安全感是靠自己给的，金钱也是靠自己努力赚取的。

　　一个靠男人生活的女人,样子总是不能优雅的。你可以想象,一个靠男人养活的女人,伸手朝男人要钱的样子,低声下气地说:"给我点钱吧,我要买……"然后伸出手,手心朝上,眼神里充满了期待,等待着眼前男人的赏赐。任何一个人都不可能从这样的一个举动中看出女人的优雅和气质。在现实生活中,经济独立的女性,总是能够让男性刮目相看,女人有了自己的经济独立,说起话来也有底气,做起事来也更加有自信。

　　艾如娟是一个 35 岁的全职太太,她的生活令很多人羡慕。她的老公既有能力又很疼爱她,让她安心地在家相夫教子,还可以发展自己的兴趣爱好,完全不用担心现代生活的巨大压力。本来一切都很好的生活,因为一次老公的车祸都改变了。艾如娟的老公因为工作上的压力,在一次疲劳驾驶中发生了交通事故,最后车毁人亡。

　　料理完老公的身后事艾如娟才发现,丈夫生前的收入完全不能保证母女俩以后的生活。丈夫把所有的钱都用于投资了,令艾如娟没有想到的是自己现在住的房子还有 50 万元的房贷没有还清。投资的钱陷入困境,不能兑现。艾如娟已经 35 岁了,自身没有什么工作经历,也没有什么特长,不仅无法偿还老公的债务,就连自己和女儿以后的生活都是一个严重的问题。

　　艾如娟从来都没有想过,有一天自己会没有任何财产,还要另外背负 50 多万元的债务,现在很多朋友想要帮忙,都帮不上,因为艾如娟确实不会什么,而一般的工作又不能让她养活自己和女儿。

　　也许很多女人都向往那种不用上班就有钱花的日子,但是人生中的很多事都是意想不到的。想着坐享其成、依靠男人生活,这样的安全感是最不可靠的。也许发生意外的概率是很低的,但是你不能保证男人的感情一直在你这里。所以稳妥的选择是女人靠自己的能力赚钱,自己给自己安全感。就如张小娴说的那样,也许你的白马王子能把你带上马，但是也能把你扔下马，除非你自己有马，可以跟他齐头并进，或者比他骑得更快。

每个女人都应该拥有自己的事业，享有经济上的独立，命运才不会绝对地掌握在别人的手中。否则，一旦失去了往日赖以生存的"依靠"，你拿什么来面对明天的生活？每个女人都应该在心中有一个自己的梦想，一个女人做什么工作并不重要，至少要有一份稳定的收入。

6. 女人最好的投资是自己

> **· 智慧女人私房话**
>
> "世界上最好的投资项目是什么，请推荐一个。"有人问股神沃伦·巴菲特，巴菲特这样回答他："最好的投资项目就是自己。"

女人的外貌也是一种竞争力，女人的"门面"和内涵是一样重要。有人说，世界上最好的投资项目就是你自己，不断地给自己投资，使自己成为一栋摩天大楼，一生都可以从自己身上收租。有品位的女人买珠宝、名牌来装扮自己，但是更有品位的女人懂得将自己变为珠宝和名牌。可以这样说，投资自己是最安全的投资，是最公平的投资，同时也是绝对没有损失的投资。只要时间长就可以看到收益，你就能够明白巴菲特的这句话的正确性，并且能够尝到它的甜头。

女人的工作很累，挣钱毕竟不是一件容易的事情。但是工作10年、20年，总有一天你会成功的。这就是将自己变成"绩优股"的直接道路。女人怎么能够为了婚姻和爱情放弃自己的事业呢？与其将自己嫁给一个"绩优股"的男人，不如将自己变成"绩优股"。每个生活在这个世界的女人都是"潜力股"，但是如何让自己升职，是每个有奋斗之心、不甘落后的女人去追求的事情，女人千万不要被琐碎的家务和甜蜜的婚姻挡住视线，事业之心不能死去。

英国有个寓言故事，年轻的亚瑟王被邻国俘虏，但是邻国国王并没有杀害他，而是承诺，如果他能够回答出一道非常难的问题，就还给亚瑟王自由；如果一年之内找不到答案，就处死他。这道能够决定亚瑟王生死的问题就是：女人真正想要的是什么？亚瑟接受了命题，他回到自己的国家，向每个人征求答案：公主、妓女、牧师、智者、宫廷小丑，所有人都不能给他满意的答案。

亚瑟王很心急，也很忧虑。这个时候有人告诉他可以去请教老女巫，只有她才知道答案，但是同时也警告了亚瑟，女巫的收费是很高的。一年很快就到了最后一天，亚瑟王别无选择，只能去找女巫。女巫的交换条件是：女巫要和亚瑟王最高的圆桌武士之一，同时也是他最亲近的朋友加温结婚。亚瑟王惊骇极了，因为眼前的女巫驼背、丑陋不堪，只有一颗牙齿，身上散发出难闻的臭味，还经常发出猥琐的声音。

对于亚瑟王来说，他从来都没有见过如此恶心的怪物，他拒绝了。他觉得自己不能强迫他的朋友娶这样的女人，而且也不能让自己背负如此沉重的精神枷锁。亚瑟王的朋友加温知道以后，对亚瑟说："我同意和女巫结婚，因为这没有比拯救亚瑟的生命和国家更重要的事情了。"虽然亚瑟不愿意，但是婚讯还是宣布了，女巫回答了亚瑟的问题：女人真正想要的是主宰自己的命运！

每个人都立即知道了这个真理，亚瑟的生命也被解救了。而他的朋友加温和女巫的婚礼是怎样的呢？亚瑟王极度痛苦并哭泣了。加温一如既往地谦和，而女巫却在婚宴的庆典上表现出最坏的行为，她用手抓东西吃、放屁、打嗝，让所有人感到恶心和不舒服。

新婚夜来临的时候，加温依然能够坚强地面对可怕的夜晚。当他走进新房，他却被眼前的景象惊呆了。一个他此生从未见过的美丽少女躺在婚床之上。美女对加温说，自己就是那个丑陋的女巫，因为加温在她是丑陋的女巫时，依然对她很好，所以她白天呈现出可怕的一面，夜晚就呈现出美丽的一面，然后她问加温："你想要我的哪一面呢？"

加温面对如此残酷的问题，是要自己白天面对一个幽灵一般的女巫，晚上与一个美人共度良宵，还是白天向所有人展现一个美丽的女人，晚上自己在屋子里面对一个丑陋的女巫呢？加温没有做任何选择，只是对妻子说："既然女人要主宰自己的命运，那么就由你自己作决定吧！"女巫感激加温让自己做选择，从此便选择了夜晚和白天都做美丽的女人。

也许初读这个故事，你并不能真正地懂得故事的含义，一个女人这一生中，想要拥有的东西太多了，比如名牌的衣服、名贵的首饰和宽敞的房子，但是这些都没有比自己能够主宰自己的人生更加地宝贵，更加地有价值。女人的福气是自己给的，如果你吃胖了身材、熬夜损坏了皮肤，你又怎么能抱怨男人不忍面对你的年老色衰呢？如果你想要给别人展示你的光鲜亮丽的一面，为何不去努力改变自己，不断地投资自己。比如你要去健身房挥汗如雨，以保持自己的姣好身材，要学习金融管理，以便于将来能够接班，要练就自己的火眼金睛，看看你的男人是"潜力股"还是"绩优股"，人生的福气难道不是你一个人决定的吗？

第 3 章
做"强女人"，不做"女强人"

"女强人"和"强女人"同样的三个字，仅排列的顺序不同，其蕴含的意思也截然不同。女强人是那种自身很强势，全世界都以她为荣，工作能力强，处处争强好胜。虽然在工作上受到了他人的肯定与认可，但是往往因为太过于强势而很难获得男士的青睐，也极难获得幸福。但是"强女人"则不然，她们有自己的能力和稳定的工作，不把自己的幸福压在男人的身上，她们没有强势的气焰，但是却拥有强势的心态。她们能够自己做自己的主，自己选择生活能力。

女人要强就做强女人，在注重自己的社会地位与个人价值体现的同时，时刻还要记住自己首先是一个女人，应该散发出女人独有的光彩和魅力，其次才是"强女人"。再优秀的女人也要时刻记住自己的角色，有事业可做的女人是可敬的，能够从事并热爱自己职业的女人是可爱的。女人不仅仅要在事业上适时地释放自己的娇嗔，还要在男人的面前适当地示弱，这样你距离幸福才不会遥远。

1. 对梦想，"不抛弃，不放弃"

现在的很多人都会说："我有很多的梦想，只是没有勇气去实现。"很多女人都喜欢将自己美丽的梦想挂在嘴边，但是却不从实际出发去实现梦想。实际上，为了梦想而不断努力奋斗的女人，才是最美的女人。如果一个女人只是将自己的梦想停留在想象阶段，那么梦想不过真的就是在做梦而已。苏格拉底说："通过自己的努力得到自己的东西，世界上最快乐的事，莫过于为理想而奋斗。"一个为自己的梦想不抛弃、不放弃的女人，浑身上下都散发着迷人的气质。

三毛就是一个敢于做梦，并努力实现梦想的女人。当三毛走进撒哈拉沙漠的时候，很多人都说，不知道是三毛选择了沙漠，还是沙漠选择了三毛。其实，是梦想实现的动力，让三毛选择了沙漠。梦想的追求让三毛在沙漠中坚强，也在沙漠中绽放了自己的美丽。

历来为人们所称颂的都是那种永不退缩、永不言败的女人。当她们遇到了困难的时候，能够迎难而上，顽强拼搏。当你面前有个为了梦想而努力奋斗的女人时，你的每一个细胞都会为她动容，你看着她对你畅想自己的未来，诉说美好的梦想，然后看到她为了自己的梦想而努力奋斗的时候，任何一个没有梦想，不愿意奋斗的美女在你面前都会黯然失色。她们对梦想的追求具有自主性，不事事靠男人，并能够通过自己的努力做到不比男人差。

朱琳琳是一个山沟里出来读大学的女孩，由于从小就有梦想，希望能够成为一名主持人而选择读播音主持专业。为了能够成功地完成自己的梦想，她拼命地练习汉字的发音。由于从小在山沟里长大，蹩脚的口音和严重的平卷舌不分，让很多同专业的学生嘲笑了很久。

朱琳琳是一个特别要强的女孩子，为了能够和大家一样，享受到实习主持的机会，她通常在寂静的深夜一个人拿着普通话发音训练册和汉语词典一遍遍地翻看。好朋友李梦梅劝她说："琳琳，你还是面对现实吧，学点财务管理之类的专业也不错的。"朱琳琳倔强的性格告诉自己，就算以后真的当不成节目主持人，也坚决要把普通话练好。大学毕业以后，朱琳琳拿到了普通话"一乙"的级别，做教师和普通的主持人足够用了。但是她似乎并没有忘记自己当初的梦想。

为了所谓的梦想朱琳琳一个人跑到北京追梦。经过努力寻找，终于找到了一份主持人的工作。她努力、乐观的主持风格赢得了很多企业老板的赞誉。某大型电子公司老板，看到了朱琳琳的主持，很高兴地聘用她作为公司会议和活动的主要主持人，朱琳琳可以说距离自己的梦想近了很多。

朱琳琳的事情告诉我们一个道理：梦想，只要你肯努力，其实并不遥远。一个有梦想，并为自己的梦想而努力拼搏的女人，才真正理解生活的含义，并懂得生存的意义。这样的女人知道"爱是理解，不是禁锢。生是见识，不是活着"。她们让自己时刻地奋斗和拼搏，让梦想不再是一个空谈。不要害怕梦想无法实现，只要努力了、奋斗了，你就不会再有遗憾。女人必须知道，沉睡的梦想永远无法变成现实。只有去努力地奋斗，对梦想"不抛弃，不放弃"，你的人生才会显得没有那么苍白。结果最终有没有实现都不重要，重要的是起码你拼搏的过程是精彩的。

2. 给男人一个喘息的机会，给孩子做一个好榜样

● 智慧女人私房话

作家曾子航说："女人在家里千万不能太强势。事实证明，过于强势的女人不仅会让丈夫很有压力，如果将来有了孩子，培养出的女儿长大以后一定也跟母亲一样强势，儿子则正好相反，偏于懦弱。而且母亲越强势，儿子会越懦弱。武则天和慈禧都是如此。"

时代不断地向前发展，女人们也走出家门、离开厨房，到外面更加广阔的世界里打拼了。经过自己的努力，创造了属于自己的一片天地。现如今，作为"半边天"的女性已经逐渐地成为了市场经济的主力军，女人可以和男人一起并肩作战，一起创造社会的财富。这就出现了"女强人"的称号，这三个字足以令大部分男人心生敬畏。为什么这样的女人不受男人欢迎，其实并不是因为这样的女人不优秀，而是她们压制了男人喘息的机会，让男人们自惭形秽，所以她们不受男人的欢迎，同时也是孩子们不愿意亲近的对象。

事业上，女人的立场永远都是尴尬的。如果女人不能将事业和生活严格地区分开，而是混淆在一起，那么就会有一个悲剧的婚姻在后面等着她。充满智慧的女人总要为自己的生活做一个选择，那就是在追求独立的同时，也能够给丈夫一个自由的独立空间。发展自己的事业没有错，但是事业不能带到家庭中发展，在男人面前，女人温柔、贤淑的本性不能丢。在追求梦想的时候，不要将自己的梦想强加在男人和自己的孩子身上，如果你自己有时间完成梦想，那么就去奋斗和

努力。给男人一个喘息的时间，给孩子做一个榜样。

周梦红是一家企业的项目开发经理，优秀的她样样工作都比男人强，每天都要没完没了地应付生意场上的应酬，免不了推杯换盏。在酒精的作用下，周梦红原本天真清纯的脸庞不由自主地覆上了沧桑老练的神色。工作在这个岗位5年多了，她一天天变得理性，一天天变得世故。即便是在自己的丈夫面前，她也坚决不会做出小鸟依人状，更不会展现女性的娇柔。

周梦红的儿子考试失利，数学和语文只考了80多分。她非常生气，将自己训下属的冷冰冰气势拿出来，孩子再也不愿意和妈妈聊天，也不敢再看她的眼睛。丈夫回到家，自己煮了一碗方便面吃，周梦红很严厉地和丈夫说："方便面有害，以后不许再吃。"丈夫面对周梦红的压制，大发雷霆。他实在是忍不了妻子周梦红高高在上的气势，就此二人的婚姻亮起了红灯。

周梦红委屈地和自己的姐姐说："我为了这个家，日夜地操劳，最后却换来了儿子的远离和丈夫的嫌弃。"姐姐摇摇头说："你日夜操劳的是你的事业，你想过自己为家里带来了什么具体的实惠吗？你有多久没有安静地坐下来和孩子聊天，和丈夫撒娇了呢？"周梦红哑口无言。

再怎么优秀的女人，也要时刻地记住自己的角色，身为人妻，贵为人母，要维护丈夫的尊严和守住丈夫的心，同时也要照顾好自己的孩子，给他们正常的母爱。女人无论有多少资本也不要在丈夫面前太过强势。在成就自己事业的同时，还有珍惜女性独有的特质，尽力地帮助自己的丈夫消除不必要的心理困扰，要让男人从内心深处得到释放，这样男人才能够充分地感受到被尊重。很多争强好胜的女人在职场中受到了众人的肯定，但是回归家庭却是最落寞的。其实生活中除了工作，还有很多事情值得我们去热爱。

3. 世界上没有"万无一失"的成功之路

· **智慧女人私房话**

海尔总裁张瑞敏说过："如果有50％的把握就上马，有暴利可图；如果有80％的把握才上马，最多只有平均利润，如果有100％的把握才上马，一上马就亏损。"

一个女人倘若要在事业上取得成功，就要敢于做拼搏的人，要敢于冒险，才能取得成功。在生活中其实风险和机遇是并存的，一个人若想取得事业上的成功，就必须把自己从胆怯和懦弱的禁锢中解救出来。哈利法克斯说："聪明的冒险是人类谨慎中最值得赞誉的一部分。"事实上，冒险不只是一次勇敢的拼搏和气魄，它重要的意义在于，不论最终的结果如何，你是一个从没有停止过奋斗和拼搏的人，这种精神是最为弥足珍贵的。

似乎社会上的观念就是男人才能做"冒险王"，女人就应该胆小如鼠，其实这种旧思想的包袱让女人错失了很多成功的机会。冒险不是男人的专利，女人也应该为了自己的人生幸福做一次赌注。洛克菲勒对他的儿子说过："人生就是不断抵押的过程，为前途我们抵押青春，为幸福我们抵押生命。因为如果你不敢逼近底线，你就输了，为了成功抵押冒险难道不值得吗？"著名的经济学家斯通指出："生命是一个奥秘，它的价值在于探索。因而，生命的唯一养料就是冒险。"其实生命的本质就是一次冒险，如果我们不主动承担风险，便只能坐以待毙。

墨玉和靖玉是一对双胞胎姐妹，两个人都想要做编辑，都有做演员的梦想。大学毕业后，两个人都跑到北京去做北漂。刚开始由于没

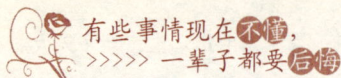

有什么门路，两人只能干一些最基本的、最累的活。后来姐妹两个找到了网络推销这份工作，靖玉还从中看到了写网络小说这项工作，她将自己的想法告诉给自己的妹妹，墨玉却说："网络上写小说的人太多了，根本不会火，还是安心地做推销吧。"

靖玉晚上写稿子，白天和墨玉做推销。结果忙碌了 3 个月，果然有一天接到了小说网站的管理员电话，邀她签约，做专业的写手。墨玉觉得不靠谱是骗人的，但是靖玉还是签约了，因为她觉得无论怎样，自己都要冒险一次，不试试永远都不可能知道自己到底行不行。为了能够专心地写作，她辞掉了网络推销的工作，专心地搞写作，起初的半年内，稿费勉强够自己吃饭，墨玉还劝靖玉，说自己做推销已经赚了不少钱，作家梦终归是个梦，不能实现的，为了一个不能实现的梦要冒险很不值得。

但是又过了一年，靖玉的书可以出版了，很多书成为了畅销书，虽然和最初理想中的畅销书作家不同，但是这样的生活已经很接近她的理想了。墨玉非常羡慕靖玉，而她没有追求自己的梦想，还在一直做网络推销员。

在这个世界上，没有一条通往成功的路是没有荆棘、布满鲜花的。想要取得成功，冒险必不可少。如果让恐惧笼罩在你的头顶，你永远无法走出恐惧的阴霾，也会就此一败涂地。罗曼·罗兰在《母与子》中说过："风险越大，甘冒风险的自傲感也越强。"可以这样说，"安全第一"并不能让我们致富，要想获得报酬，总是要接受随之而来的必要的风险。人生其实就是一场搏击，总是有一连串的冒险。没有冒险，我们就不会取得更大的成功。有人说："冒险是上帝对勇士的最高嘉奖。"不敢冒险的人是不会得到上帝恩赐的财富的。

4. 安放"靶心"，才能练就"神箭手"

· 智慧女人私房话

洛克菲勒说："对于刚步入职场的年轻人来说，他们一定要明确自己的目标，然后朝着这个目标去努力。"

成功的人生是需要规划的，人生不能没有目标。没有明确目标的女人，就犹如在没有灯塔的大海上航行，容易迷失自己的方向。没有理想和目标的人，活着都不知道自己为什么会劳累至极，更不知道自己的人生有什么意义。法国现实主义作家罗曼·罗兰曾说："人生最可怕的事情，就是没有明确的目标。"这就犹如你在一片伸手不见五指的漆黑环境中，没有灯的照耀，只能凭借着感觉，一步步地摸索，寻找门的方向。

对于女人来说，确立人生的目标十分重要。很多现实生活中的女人都喜欢没有计划地生活，甚至更多的女人喜欢一成不变的现实。比如安稳的婚姻，稳定的工作，这些让女人习惯于安于现状。当你问到一个女人她的梦想是什么的时候，她的回答总是"我没有什么好的想法，这样也挺好的"，其实仔细看看这些女人，都有一个共同的样子，那就是缺少精气神。对于自己的未来没有任何打算的女人，最大的特点就是毫无气质可言。即使你的人生没有什么太大的目标，你也不应该放弃自己的生活，让生活平淡得像白开水一样。

芳芳是一个事事都喜欢计划的人，甚至做任何事情，她都会给自己设定一个目标。为此，她身边的朋友总是以"计划没有变化快"来反驳她，但是芳芳却不以为然，芳芳的闺密静静告诉她，这样的生活

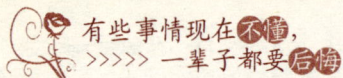

会很累，但是芳芳也依然不当回事儿。

在公司的 5 年里，芳芳按照自己设定的目标一步步地实施着自己的计划，在第一年，她当上了小组组长；第三年，当上了区域经理；第五年，她已经当上了副总经理。当初的好友对她崇拜至极，她却微微一笑。终于站在公司优秀员工大会的讲台上，她才和大家说出了自己成功的秘诀。她说："每一次工作就像是行走在漫长的原木上，原木窄小而滚动，异常艰难。但是我每一次行走的时候，都会在原木上自己画几个标记。这样一点点按照目标前进，我就是靠着这样的方法成功的。"

芳芳是一个在单位中，经常受到领导表扬的女人。领导说："无论什么时候，芳芳看上去都是那样有精气神。"当初不理解芳芳的朋友和同事，还有芳芳的闺密静静都深深地被芳芳吸引了，芳芳才是真正有气质的女人。

当一个人有目标，并且朝着目标前进的话，目标就会向你慢慢靠近，你也会因此而有更大的动力。制定目标对于奋战在事业上的女人来说尤为重要，它不仅能帮助女人有条理地安排学习和工作，还能帮助女人有序地安排事情的轻重缓急，它会控制女人的行为，让女人在步往成功的路上不脱离自己的人生轨道。有目标的人生，才不会迷失。所以制定目标一定要保证它的轻重缓急，保证这个目标切实可行。目标就像一个练箭人的"靶心"，如果不是一次次地朝着靶心射击，而是胡乱地发射，永远都不可能练出高超的技法。

第二篇

爱情篇：多情却被无情恼

浪漫美好的爱情是每个女人都十分向往的，但是能够得到一个自己中意的爱人，却不是一件容易的事。元好问说："问世间情为何物，直教人生死相许?"女人对于爱情的依恋，无非是希望能够得到甜蜜和快乐，然而不懂得经营爱情的女人又总是获得痛苦和忧伤。爱情和婚姻不是一回事，却又是不可分割的两个神秘的东西。女人想要获得一份真正的爱情，首先必须要爱自己，学会尊重，学会信任。要找到一个真正爱你的人，你要经得住爱情平淡的岁月考验，这样你才能幸福一生。

第 4 章
不一样的"红颜"，才能驾驭爱情

俗话说："女人不狠，地位不稳。"在爱情中，女人不能做弱者，更不能做纠缠不清的"黏女"，而要做独立，富有吸引力的女人。女人如何能够在爱情中长盛不衰，首先你必须能够驾驭你的爱情。如果你和滚滚红尘中的女人没有任何的不同，没有任何的新鲜感，男人怎么可能对你感兴趣，又怎么可能对你"如获至宝"。爱情是自由的，不是占有，女人要以恰当的表达来经营自己的爱情，对待爱情就像吃荷包蛋一样，八分熟刚刚好。

1. 女人"坏"一点，不是坏事

从社会现今的发展来看，那些端庄贤淑、善良大方的女人已经不能满足男人猎奇的欲望，反而是那些骨子里有些"坏"，懂得靠性感、惊奇来调节爱情的女人才大受男人欢迎。中国古代"四大美女"，名垂青史，她们每个人都不能算作好女人，她们却能够让一个帝王沦落，让一个举世无双的男人拜倒在自己的石榴裙下。有人说，男人与男人，比的是能力指数，女人与女人之间，比的却是情欲指数。一个善良、温柔的女人若不能激起男人的欲望，她便不能算作一个有魅力的女人。

著名作家苏岑说："没有女人想做一个十足的好女人，即便她真的是一个十足的好女人。"的确是这样，男人往往对那些令他们不能征服的"坏"女人欲罢不能，却对那些千依百顺的女人敬而远之。与其说男人冷酷无情，不如说"坏"女人对男人来说更有征服的欲望。人们常说："男人有钱就变坏，女人变坏就有钱。"这句话中也不难看出，男人对于"坏"女人的痴迷与狂热。

"女人不坏，男人不爱"，对于男人来说，有时候女人不经意表现的"坏"对他们更有致命的吸引力。而简单明了，一眼就能看透的女人，对于男人来说基本上没有什么吸引力，他们更喜欢有点神秘感的女人，那样才能给他们带来刺激，带来新鲜感。你想知道自己是否是一个"坏"女人吗？那么来看看你是不是男人喜欢的 5 类"坏"女人的类型吧。

① 说话简单明了的女人

相比较那些唠叨的女人，说话简单明了的女人更能让男人尊重。因为男人的世界里就是直来直往，如此交流。而女人的遮遮掩掩，口是心非往往令男人避之不及，极尽苦恼。

恋爱法则：

不要在男人的面前滔滔不绝，尤其是第一次见面的时候。时刻保持冷静和从容，才会令你更具吸引力。女人不要做男人的"小妈"，事事操心，你要给男人足够的呼吸空间。

② 漫不经心的女人

如果细心的女人就会发现，那些对很多事情都漫不经心的女人，往往能够在身边吸引一群男人。漫不经心不是什么都不管，也不是忽略身边的人，而是表现得若即若离。男人总是对这样的女人很紧张，总是希望自己能够得到这样的女人的青睐。

恋爱法则：

不要什么事情都要男人参与，不要在男人的脖子上拴根绳，距离产生美。当然即便是表现得若即若离，也要注意把握好尺度，否则很有可能让一个本来对你很有兴趣的男人变得不去在意你。

③ 故意不打电话的女人

很多男人都喜欢用电话试探女人，但是"坏"女人则不容易屈服，她们总是将这些表现得若无其事，男人反而会被她折服了。

恋爱法则：

这样的"冷冻疗法"要拿捏得当，其实在爱情里谁先低头，谁就输了。所以坏女人最擅长的就是以冷制冷的反击方式。但是这种招数一般都是在刚认识或是自己做错了事的时候才可以采取。

④ 对男人说"不"

女人千万不要随便和男人上床，太随便了你就不会成为他的女朋友。即便男人是下半身思考的动物，你也要学会拒绝。男人对于太容易得到的女人往往不会珍惜，对于那些不肯就范的女人才会娶回家做老婆。

恋爱法则：

你的拒绝并不会让你们的关系从此冷淡，相反会勾起他的征服欲。但是，记住了，不要让他觉得你是性冷淡，你可以很性感，但是拒绝彻底放开。

⑤ 经济独立的女人

经济独立的女人才能掌控一切，没有男人愿意为你支付所有的账单，况且一旦你不高兴了，你可以随时卷铺盖走人，不受男人的控制，还可以有自己的主见。

恋爱法则：

经济自立和自尊并不是让你有仇富的心态，或是看不起男人的财富，不然只会被男人看成你是天生劳碌命的人。所以女人在经济独立的基础上也要让男人看得起自己。

国际当红影星安吉莉娜·茱莉和张曼玉，也都在媒体面前披露，想演"坏"女人。安吉莉娜说她已和"007 系列"电影的导演谈过："在 007 中演个坏女人，是我多年来的梦想。"而张曼玉最青睐的是在冯小刚的电影中"演一个反派角色，一个坏女人"。可见"坏"女人不仅仅受男人的青睐，更受女性的青睐。做一个"贤良女人"，往往就只会讨好男人，却不知道怎么去爱自己。而一个"坏"女人，却敢于进行自我追求、自我保护，并获得真正的尊重、真正的爱。

2. 不要做男人可以随手脱掉的"衣服"

· 智慧女人私房话

中国著名电视节目主持人及企业家杨澜说："一个不懂得欣赏你的男人，没有资格让你为他难过悲伤。每一个女孩都是美丽的，她在等待着一个懂她的男人出现。某个男人的离开，只能说那个懂你的男人还没有出现。男人不是女孩生活的全部。"

很多女孩子，一旦进入了爱情，就将自己全部的时间和感情压在了一个男人的身上。尤其是感情的热恋期，喜欢围着男人转，期望男人能所有时间都陪伴在自己的身边，男人就是自己的全部。其实这种依附于男人而生存的女人，活不出真正的自我，往往会在爱情的轨道里迷失了自己的方向。女人要让自己活出精彩，活出自己的本色，这样你才能成为男人离不开的女人，而不是男人随手可以脱掉的"衣服"。

生活中的女人不必才华横溢，但是必须知书达理；不必有标致的五官，但是必须有独特的气质。你需要在生活中活出自己，而不是让自己为男人而活。你可以给男人适当的关心，但并不是纠缠他，索取他所有的时间。女人永远都不知道，在感情方面，再优秀的女人也会有被抛弃的可能。你最好永远不要相信什么"他不要我，只是我不够好"这样的蠢话，事情往往是你再好也没有用，甚至问题的症结很可能就是你太好了，让男人产生了压力，他觉得与你在一起不能彰显他的强大，他感到了深深的疲惫，渴望挣脱你的阴影。

小帆和萧岗是一对甜蜜的情侣，在小帆的眼里，萧岗是一个十分优秀的男人，自己这辈子就认定他了。恋爱的初期，两个人的关系如胶似漆，每天都腻在一起。后来萧岗要开始工作了，小帆却放不下萧岗，总是不断地打电话，问他工作累不累，有没有想她这样的话。起初萧岗对于小帆的这种"关心"还是很开心的，但是渐渐地萧岗却出现了厌烦的情绪。当然这并不是因为萧岗对小帆的感情有了什么变化，而是小帆这种"甜蜜的负担"让萧岗吃不消。

公司里面有一个项目需要洽谈，派萧岗去谈判，萧岗要离开小帆一段时间去谈生意，小帆亲自将萧岗送到了火车站，即便是天色已晚，萧岗的再三劝阻，她还是不肯一个人回去，嘴巴里答应萧岗自己马上就回去，但是却没有离开，萧岗上了火车后，工作过程中接到了小帆妈妈的电话，小帆居然在火车站等着萧岗不肯一个人回去，晕倒在火车站。

萧岗听到了这个消息不仅没有感动，反而内心十分地愤怒。小帆现在就像一块令人厌烦并且咀嚼过的口香糖，食之无味，丢弃不掉还黏在了衣服上。在小帆的病好了以后，萧岗提出了分手的要求，虽然萧岗自己知道小帆对自己的好，也能感受到小帆的真诚，但是对于这种无休止的爱和没有原则的关心，萧岗已经彻底厌烦了。这种"老妈子"式的女人让萧岗想到了一件无论什么样的天气都会出现的厚毛大衣。

有人曾经说过，女人如衣服。其实无论女人是不是衣服，绝对不要让自己成为那件男人可以随手脱掉的"衣服"。即便是衣服也要做那种看上去优雅、名贵，让男人爱不释手的衣服。女人的成功就是一个男人把你当成"宝贝"，捧在手里怕飞了，含在口里怕化了。女人不要被男人"圈养"起来，不要丧失自己的人格与尊严，成为男人的"金丝雀"。爱情中给男人独立的空间，给予他适当的关心，但也要有自己独立的空间，理解和包容是爱情的防腐剂。

3. 爱自己，才是一生罗曼史的开始

> · **智慧女人私房话**
>
> 曾子航说："与其低微地去乞求别人的爱，还不如爱自己多一些。记住：爱的第一步，不是如何去爱别人，而是要学会爱自己。"

很多女人在结婚以后，都会患上一种叫作"良家妇女综合征"的疾病，结了婚就很少化妆，为了孩子、为了丈夫、为了家庭，辞掉工作，做全职的家庭主妇。什么都愿意做，打扫房间、洗衣做饭、带孩子，没有时间给自己买衣服，没有时间照一次镜子。当这种症状在时间的推移下，慢慢地凸显出来的时候，男人在外面有了别的女人，你拿起镜子照了照自己，才知道自己变成了黄脸婆，你的工作没有了，你的一生都这样索然无味，劳碌奔波。

一个患有"良家妇女综合征"的女人，就是一个不懂得爱自己的女人。因为你的眼睛里只有孩子、老公、家庭，却从来都没有自己。一个在心里面没有对自己完全接纳的女人，就容易不爱自己，最后就会慢慢地觉得自己不够好、不够美、不够优秀、不够成功，有了这些心理想法就会慢慢地将婚姻视为救命稻草，在家庭中不停地付出，以此来证明自己的存在。如果你若问"黄脸婆是怎么样炼成的?"那么一方面是男人不懂得珍惜，另一方面则是女人不够爱自己。

紫菱是看上去快有 50 岁的女人，但是听完她的自我介绍，沛沛却怎么也无法相信她实际的年龄只有 35 岁。紫菱看上去身材十分臃肿，数条鱼尾纹和暗黑色的皮肤让眼前的她瞬间老了 20 岁。沛沛是一个婚姻情感的顾问，在听到紫菱的描述以后，她深切地了解到，紫菱的悲剧是在她选择嫁给那个男人并放弃继续工作开始的。

　　紫菱在 23 岁的时候，曾是一名毕业于名牌大学的学生，她还是一家大型涉外公司的法文翻译。当别的女孩都在为自己的将来打拼的时候，紫菱则选择嫁给了一个大她 8 岁的私企老板。为了老公能够安心地工作，紫菱听从他的安排，在家做起了全职太太。她在结婚的第一年就为这个男人添了一对双胞胎女儿，但是男人"重男轻女"的封建观念迫使紫菱在第二年又继续为他生了一个儿子。

　　对三个孩子以及对丈夫的照顾，让紫菱完全放弃了自己。她每天自己给孩子做饭，接送孩子上学、放学。经过十几年的忙里忙外，她已经完全不会说法语了，就连基本对外工作的能力也全部都没有了。可是这个时候，老公却找了个年轻貌美的女人，开始了不正当的交往。最后她的老公狠心地和紫菱离婚了。

　　有句话说："女人不狠，地位不稳。"的确如此，有些女人不舍得给自己买一件衣服，对于自己的男人却舍得大把大把地花钱，这根本就不是真正的爱。爱其实源自于自爱，是建立在彼此平等、互相尊重的基础上的。有的时候，女人这种"伟大"的付出根本换不来男人的感恩，反而是男人的背叛，甚至是轻视。因为奴仆永远都得不到主人的尊重，不爱自己的女人永远都没有权利去获取别人的爱。美国著名女星 Lady Gaga 说："我不在乎我的粉丝是否爱我，我在乎的是他们是否爱自己。"女人要为自己而活，不为男人所累。只有更爱自己，才能发现生活中的美好，才能看到你平时注意不到的美丽景色。

4. 矜持，男人心中最高的"女人味"

· 智慧女人私房话

法国作家巴尔扎克说："一个年轻美貌的女人决不肯让男人对她存有唾手可得之心，把恋慕之情硬压在心头而假作端庄的举动，比最疯狂的情话来得意义更深长。"

什么样的女人让男人爱不释手？什么样的女人让男人爱得不能自拔？答案就是矜持的女人。一个女人的吸引力往往来源于她的矜持，一个想要在爱情中受到男人尊重的女人，必须是懂得矜持的女人。随着现代社会的发展与开放，很多女性已经丢掉了自己应该有的矜持，大胆、开放的性格让男人避之不及，失掉了女人最珍贵的娇羞和温柔。人的心理其实都是差不多的，都对自己得不到的东西更加有兴趣、更加珍惜。男人对于那种想要牵手却牵不到手的女人，往往更加有征服的欲望，那么主动投怀送抱的女人，往往让男人兴趣全无。

英国"骑士派"诗人罗·赫里克在《少女的"不"毫无意义》一文中说过："少女的'不'毫无意义，她们只是害羞，其实，她们所拒绝的正是她们所渴望的。"女人这一点矜持很好地满足了男人的征服欲望，因为女人往往希望自己天生的吸引力得到印证，而男人的主动正好满足了这种虚荣，所以女人为了表现这种虚荣心，通常都会拒绝，实际上这种矜持也正体现了她们内心深处的渴望。

刘佳慧是一个外表漂亮，性格开朗活泼的女孩，同时也是很多男人追求的对象。但是，在刘佳慧自己的公司里面，却不见有一个男人主动追求她。刘佳慧的同事王艳长相一般，平时工作很努力，却得到了公司区域经理张鹏的追求。王艳对张鹏的追求感到很奇怪，便问他："刘佳慧人漂亮、性格好，应该属于那种'万人迷'类型的女孩，你怎么不追求她？"

听到王艳的问话，张鹏显得异常地震惊，反问道："公司里别的男人都不敢要的女人，我怎么可能把她当宝贝？"王艳疑惑地问："为什么不敢要？刘佳慧长得不漂亮吗？"张鹏冷笑道："王佳慧漂亮的外表掩盖不了她肮脏的内心。"

"刘佳慧怎么肮脏了？"王艳问。张鹏很严肃地说："倒不是肮脏，我只不过打了一个比喻而已，我经常看到她和男同事之间开玩笑毫无尺度，有的时候还会坐在男人的大腿上，这让我很受不了。"听了他的话，王艳终于明白了刘佳慧不受男同事待见的原因了。

开朗性格的女孩子必然是令人喜欢的，但是毫无矜持和分寸的玩笑会让女性的形象降低。虽然时代开放了，思想也解放了，但是女人的矜持还是应该保持的，毕竟男人和女人始终是不一样的，一个经常随意和男人勾肩搭背的女人，其外貌的美丽掩盖不住她骨子里流露出的庸俗。

女人应该自尊自爱，凡事都要有个分寸和尺度，要明白过犹不及的道理。太过于矜持也不行，会让人觉得做作，但是也不要将矜持完全丢掉，女人少了那一份矜持就少了几分韵味。矜持是女人特有的神秘感，就像一层包在女人外表上的面纱，女人要有矜持，要有高姿态。不要迫切地将自己完全地投入到男人的怀抱中，对于轻易到手的东西，任何人都不会珍惜。

5. 任何需要"仰视"的爱情，都会"一方失重"摔下去

· 智慧女人私房话

　　卡耐基说："两个人的爱情是否甜美，要看他们是否了解自己、了解自己与对方的关系，并且愿意彼此分担责任，以增进对方的快乐与福利。"

　　爱情对于不同的人来说，期望值是不一样的，但是爱情在任何人面前却都是平等的。每个人都有爱与被爱的资格，每个人都有爱与不爱的权利。世间万物都只有处在一个平衡的阶梯，才会和谐，才会欣欣向荣，两个人的爱情也是如此。只有爱的天平，两边的重量才会平等，才不至于倾斜，让一方失重摔下去。平等的爱情不是平等的学历，不是门当户对，不是年龄相仿，更不是有相似的经历。平等的爱情只需两个人互相信任、互相尊重、互相呵护、互相珍惜。同样的付出，拥有同样的回报。只有两个人处在平等的位置，才能拥有最和谐的爱。

　　舒婷《致橡树》歌颂爱情，爱情不是趋炎附势，不是依赖附庸，更不是一厢情愿、奉献施舍，而是以一种平等的方式，并肩作战、风雨同舟。女人必须知道在爱情中，只有平等的爱情才能够长久，爱若不平等，爱到最后不是精疲力竭便是大失所望，甚至反目成仇。女人，在男人的面前，不要爱得太低，让自己低到"尘埃"里，对男人的好要适可而止，不要让他变成了习惯，反而不懂珍惜，产生背叛。

　　金秋曾经是一个可爱的女孩子，可如今却在家待着，成为了一个痴傻的女人。金秋大学毕业后，找到了一份文员的工作，本来一切生活都很好的。但是在工作中，她认识了公司的客户宗虎。宗虎是一个

厂子的小厂长，也算年轻有为。将金秋娶回家后，便要求金秋辞去工作，在家帮自己打理工作。

金秋在宗虎的公司忙上忙下，不仅仅是宗虎的私人秘书还是宗虎的家庭保姆，洗衣服、做饭，一切可以做的家务，金秋都一个人"承包"了。宗虎的客户在一次谈工作中，看到了能干的金秋，夸奖了金秋是贤内助，结果回去以后，还被宗虎狠狠地暴打了一顿。金秋此后只在家中负责做保姆做的工作，大好的青春几乎都奉献给了宗虎。

宗虎的生意好了以后，很少回家，有一次，宗虎喝多了酒，半夜回来吐了一地。金秋连忙起来收拾，帮助宗虎换下脏衣服。结果在宗虎晕乎乎睡着的时候，金秋发现了宗虎衣服领子上的"口红印"。她一把拉起宗虎对质，没有想到宗虎却说："你以为你是谁，你是我老婆吗？我愿意和谁好就和谁好，你无非就是我花钱请来的保姆。"听到这句话，金秋使劲力气给了宗虎一巴掌。宗虎很气愤地说："你要是觉得委屈，你滚啊！"金秋在激动之下，刺伤了宗虎，被劳教了，自己也神经不正常了。

文中的金秋一直是以"仰视"的姿态去看待自己的爱情的，她为爱情愿意付出，并且不断地付出，但是却没有得到宗虎平等的回报。金秋的反应和举动完全是心里不平衡导致的，最后才走向极端。在爱情的世界里，两个人应该是平等的，而不应该卑躬屈膝地乞求对方的垂怜。金秋能有这样的结果，这样不受宗虎的重视，还是由于她此前太不自重，太过溺爱宗虎。

虽然爱是无私的，但是，如果只有单方面的谦让、包容、付出，最后肯定会累到极致。每个人的承受力都是有限的，就像一根绷紧了的琴弦，到了一定程度总会断的。爱情不是居高临下的恩赐，也不是要你做出多大的牺牲，而是彼此心与心的牵挂。只有做到了心灵的尊重和平等，抛却外在的物质权衡，才能让你爱的人体会到你对他的重要性。有句话说："爱与被爱，都不如相爱。"如果只是一味地付出，却没有得到回报，你的爱情就会失衡，最后就会破裂。

6. 做一个有原则的女人

· 智慧女人私房话

张小娴说："对喜欢的人，再无足轻重的小事，也可以讲得眉飞色舞；对不喜欢的人，再重要的事情也可以一笔带过。"

女人，不要让自己成为没有原则的动物。作为女人，要拒绝爱情里毫无原则的宽恕，爱情是需要捍卫的，要知道自己的恋人随时都可能被别的女人抢走，结了婚的男人也可以为别人与老婆离婚。所以，爱情是需要经营和捍卫的，女人在爱情中一定要有自己的原则，面对男人的花言巧语或者献媚，一定要稳重并调节自己的情绪，让自己清楚什么是爱，什么是欺骗。

很多女人一旦被男人感动了，就会迅速爱上对方。愿意为男人做任何事情，却不知道浪漫不是爱，嘘寒问暖不是爱，陪聊陪笑不是爱，那只是泡妞的手段。真正的爱，是牺牲了自己某一部分，来成全你，让你变得更好。所以，不要找一个可以感动你的人，而要找爱你的人。爱不是感动，而是成全。一个在爱情中有原则的女人，在爱情中才不会迷失，才会活得更潇洒，爱得更自由。

刘霞是一个 30 岁的女人了，一直没有结婚，但是却一直与一个有妇之夫住在一起。在她看来，爱情并不是要有什么实际上的名分，只要能够和自己喜欢的人在一起，哪怕是一瞬也是值得的。和她在一起的男人是煤矿的老板，平时无聊的时候会来到她这里，给她一些生活费，其他的时候，这个男人多数都和自己的老婆在家中。

男人有的时候会拿来一些奢侈品，然后让刘霞为他做任何事情，这个租来的房子就是"金屋藏娇"的地方，但是刘霞的命运和陈阿娇差不多，似乎被打入了冷宫。一个30多岁的女人一直都没有考虑自己的婚姻，就这么为自己所谓的爱情吊着，有的时候她为了让那个男人回到自己的身边不惜给这个男人洗衣、做饭，甚至在这个男人劳累的时候，跪在地上给他按摩，但是这一系列的关心、爱护并没有让这个男人感动，因为这个男人始终觉得，自己花了钱养了刘霞，刘霞就应该为自己提供这些服务。

用身体来挽回男人的爱的女人是愚蠢的，男人通常不会将这种随便的女孩娶回家做老婆。女人并不知道男人找女朋友和老婆的标准并不一致，在爱情中，一个甘愿燃烧自己的女人在男人的眼里并不是高贵的，如果一个这样的女人出现在男人的生活中，他会第一个把你定位为"情人"。因为在男人心里，一个毫无爱情原则的女人可以招之即来，挥之即去。没有什么珍贵可言，因为他们知道，没有原则的女人总是随叫随到。

一个女人最悲哀的就是身陷囹圄还以为自己很高贵，毫无原则地献媚，其实自己根本都不懂得所谓的爱情。爱情并不是一方面付出，有的时候，女人需要擦亮自己的眼睛，看看爱情以外的世界，跳出来以一个局外人的身份看看自己是不是很可悲，这样降低自己的身价，在男人眼里是否能够换来疼惜，也许，什么都换不来，一个漂亮的女人如果没有原则也会变得廉价，没有任何的修养可言。

爱情向来都不是一个人的事，让自己在爱情中多一些原则，不仅仅是保护自己，更是要和你在一起的男人知道，要爱，那么请深爱，若不爱，请离开。不要做男人爱情里的没原则情人，要做一个有气质、有原则的好女人，让男人爱你一辈子。

7. 温柔是女人的法宝

> **· 智慧女人私房话**
>
> 　　作家曾子航说："在两性关系中，男人更像狗，表达很直接，汪汪一叫什么都明白了；女人更像猫，喵的声音让人回味无穷。所以，婚姻生活相当于猫狗大战，别看狗外表凶，经常打不过猫。"

　　作为一个女人，美丽的容颜固然是重要的，但是真正让男人败下阵来的却是你的温柔。如果一个女人拥有美丽的容貌再加上温柔的性格，这样的女人简直就堪称"女神"。曾经有人说："温柔的女人就像毒药，男人一旦误食，永远都无法戒除掉。"的确是这样，温柔的女人总是能够由内而外地散发着美丽，没有一个男人能够抵挡住女人的柔情蜜意。为什么有人说婚姻是爱情的坟墓？其实随着生活琐碎的出现，女人也都渐渐地放弃了当初相爱时的温柔，换来的是愤怒的咆哮，当一个女人不再温柔的时候，那个受了伤的男人就会出去寻找别的温柔女人。

　　温柔似乎是女人与生俱来制伏男人的法宝，因为温柔是女人区别于男人的重要特征，所以温柔的女人更具女人味，温柔也会让女人更加地有气质。一个女人可以不美丽，可以不聪明，但是不可以不温柔。女强人是女人的偶像，却不是男人的所爱。一个女人不管在事业上有多么成功，在丈夫面前，她都必须温柔。一个家庭中逞强的女人是不会有幸福的婚姻的。其实对于男人而言，什么都能够承受，什么都可以抗拒，但是最经受不住的是女人的折腾，最抵挡不住的是女人的温柔。以柔克刚就是用女人的温柔去征服男人的刚硬，温柔可以带给男人所需的温情，同样也可以帮助男人抚平伤口。

　　周强和妻子结婚 7 年了，也许是传说中的"七年之痒"，也许是长久分居两地让他对身边的年轻漂亮的女孩动了心思。周强背着妻子和一个才二十出头的女孩在一起了，女孩很漂亮，有的时候让周强给她买首饰，不买就耍小脾气，有的时候还会和周强吵架，一段时间，周强觉得身心疲惫，打算出去避避风头就好，于是回到了家中。

不想自己在外面有外遇的事情被他的老婆李莹知道了，他想老婆一定会和他吵架，不如趁此机会和老婆提出离婚算了。当他刚刚进家门的时候，妻子李莹就急忙过来接他，然后温柔地告诉他："我烧了热水，你去洗澡吧，洗洗身上的疲惫，好好休息。"周强感受着妻子的温柔，心里忽然回忆起过往的甜蜜。洗完澡后，美味的饭菜已经摆好了，妻子过来在他肩头披了一件衣服说："刚刚洗过澡，多穿点，免得感冒生病身体遭罪。"

他低头不语，静静地吃饭，等待妻子暴风雨的来临，妻子却接着说："亲爱的，你在外太辛苦了，我也没有照顾好你，你能爱上她，说明她比我优秀，更能替我照顾好你，那我就成全你们，只是以后没有我在你身边，希望你还能记着有我这个朋友。你若是有什么烦心事了，也记得打电话告诉我，让我知道你的状况，好吗？"

这时的周强已经满眼泪水了，他放下手中的筷子，走过去抱着妻子说："傻瓜，我怎么会离开你呢？就算你不漂亮，你变得再老，我都只爱你一个。"

有人说："世界上最幸福的婚姻，是由一对'聋子'丈夫和'盲人'妻子组成的。因为妻子看不到，丈夫听不着，所以一切麻烦和争吵都没了。"生活中，男人大都不喜欢"悍妇"，但是女人的强悍霸道有时候的确是被男人逼出来的。但是强悍和霸道并不是管理男人的最佳之道，以柔克刚才是女人对付男人的一种至高境界。懂得运用温柔的女人是可爱的，这样的女人也是让男人无法拒绝的。

俗话说："女人不是因为美丽而可爱，而是因为可爱而美丽。"这句话就说明了温柔的女人才会显得更加的漂亮，所以温柔才是女人最佳的化妆品。女人身上最让男人心动的莫过于那一抹似水柔情，女人可以不漂亮，但是不能不温柔。有了温柔但是不漂亮的女人，同样可以俘虏男人的心。

第 5 章
唯有懂得，爱情才能奏出和谐的乐章

　　有人说，一个懂得爱情的人，会给自己带来一段彼此舒服的爱，而一个不懂爱情的人，最终在受伤后才会懂得一个道理：人生中，懂得，比爱情本身更重要……对于女人来说，在感情中其终究需要的不是海誓山盟的誓言，不是风花雪月的浪漫，而是最温暖的陪伴。而陪伴过程中难免会有琐碎，而只有真正能参透爱情本质的人，才能更好地把握自己的行为，理解对方的做法，才能做到彼此感应，心灵深处达到默契，做到灵魂与灵魂的对望，才能在长久的岁月中与爱人一起奏出和谐的乐章。

1. 不经失恋，不懂爱情

· 智慧女人私房话

任何时候，都不要为一个负心的男人伤心，女人要懂得伤心最终伤的是自己的心。如果那个男人是无情的，你更是伤不到他的心。所以，收拾悲伤，好好生活。

女人总会认为男人的离开是因为自己不够好，其实男人都懒得找理由了，你又何必再给他找一个合理的理由呢？失恋并不是每个人都必须经历的事情，但是却是爱情中最令人伤心、痛苦的事情。很多女人害怕失恋，所以拼命地对男人好，慢慢地为了男人而改变自己，最后却发现即便失掉了自己，也无法换回男人的回心转意。其实，失恋并不等于失败，失恋完全没有必要让自己痛不欲生，容颜憔悴。失恋只不过说明眼前那个人不适合你，你在错的时间遇到了错的人。

如果在爱情即将远离的时候，你已经尽量地去挽留了，但是那个男人并没有回心转意的意思，那么你实在没有必要逆风而行了。与其失掉自尊地哭泣，乞求对方回头，不如就此选择遗忘，忘记以前的愉快和不愉快，让这个人远离自己的记忆，然后心随着岁月也逐渐地成熟。爱情也许是掏心掏肺掏命地为对方好，但是这并不代表男人也会珍惜你。男人爱的不一定是对他最好的女人，他爱的是自己最喜欢的女人。能够让你伤心、难过却不打算哄好你的男人，你最好不要指望他真的很珍惜你。

小梦是一个很有才华的女孩子，外表靓丽大方。她很喜欢哥哥的朋友泽明，虽然泽明只是把自己当作妹妹一样看待。为了能够吸引泽明的注意力，小梦三番五次地和哥哥一起出席他朋友的聚会，还找机会和泽明搭讪。最后禁不住小梦爱的攻势，泽明终于缴械投降，成为了她的男朋友。

小梦隔三岔五地就跑到泽明的公司给他送早餐，即便是泽明已经吃过早餐了。送中餐的时候，小梦总能发现自己精心准备的早餐在泽明公司门外的垃圾桶中。有的时候泽明和同事们聚餐，小梦也会做一些食物等着泽明回来吃，即便有的时候泽明回来已经大半夜了，本来以为泽明会开心地过来吃几口饭，但是泽明却总是看都不看小梦一眼，自己晕乎乎地进卧室睡觉去了。

有的时候由于工作上的需要，泽明和女同事搭档干活。这种时候，小梦总会打电话嘘寒问暖，但是却经常遭到泽明的冷言冷语。有一天，小梦发现泽明和别的女人勾肩搭背地在一起，她伤心地哭了，幻想泽明一定会回心转意的，但是泽明却没有理会小梦的伤心，继续自己的纸醉金迷。每当泽明在那个女人那儿受到了委屈，回到小梦这里来，小梦却总是像奴仆一样迎接上去，丝毫不介意泽明之前对自己的背叛。

然而，小梦的"气度"并没有得到泽明的承认，泽明在小梦这里腻烦了，还会继续出去寻找那个自己喜欢的女人，而小梦仍然继续做那个苦守寒窑的痴心女。

只知道在男人的生活中对他一味好的女人，通常都是感情上的失败者。男人喜欢的女人总是贤惠里面带着一点点调皮，一会儿让他抓不到，一会儿让他患得患失。男人先天喜欢征服，只有那种让男人征服的欲望欲罢而不能的女人，才能成为男人珍惜并爱的女人。失恋，是人生中宝贵的一课，周国平说："未经失恋，不懂爱情；未经失意，不懂人生。"如果在爱情中，你不舍得让男人哭，那么你就只能自己哭。有人曾经说过，对男人最好的那一个女人只适合怀念，下场越惨的被怀念得就越深刻，但是她永远都不可能成为陪伴男人一生的那个女人。

2. 穿有"质感"的衣服,交有"质量"的男友

· 智慧女人私房话

宁缺毋滥,不要因为寂寞随便抓一个男人的手,这对你和他都不公平,而且太缺乏责任感。

衣服穿在身上,合不合适只有自己知道;男朋友在身边,贴不贴心只有自己了解。质感好的衣服可能不一定拥有光鲜的外表,但是却让我们备感舒适。爱情也是一样,男朋友不一定非要长得多么帅气、有钱,只要能够照顾你,让你开心,有安全感就好。如果买的漂亮衣服不合身,太瘦或者太肥,就不要为难自己的身体,赶快换掉,以免影响自己的形象。千万不要因为别人都称赞你的衣服漂亮而为难自己的身体,自欺欺人,否则,苦果只能是自己品尝。

现实生活中,很多女人为了追求一时的"面子"和"幸福",只顾着自己的内心感受,一时冲动便深陷爱情的童话中,难以自拔,逐渐在爱情里面迷失自己。等到青春耗尽,才幡然醒悟,然而为了维持自己的"虚荣心",她们只好忍着痛苦,在暗黑的深夜中,自己舐舐着流血不止的伤口。其实,对待爱情可以忠贞,但是不要愚忠。生活是过给自己的,不是做给别人看的,是否幸福只有自己知道。选择男人也一样,不选最优秀的,只选最适合自己的。

花艺是一个十分漂亮且才华横溢的女孩,和人人倾慕的帅哥允浩是最好的朋友。两个人相处 6 年,没有吵过嘴,没有红过脸,然而花艺却与允浩相识的第七年有了自己的男朋友。身边的很多朋友都觉得很奇怪,并问花艺为什么不选择允浩。花艺只是笑而不语。

在与允浩结识的 6 年中，允浩没有说过爱花艺，甚至连一句玩笑都没有开过。花艺的身边出现过年轻有为的张阳，出现过才气纵横的刘刚，最后才出现了有些娘气，但很贴心并有才华的古道。在一次的交谈中，朋友了解到了花艺的选择。花艺说："我爱过允浩，但是显然他并没有那么爱我。他和我相识的几年中，先后交过 3 个女友，最后都分手了。一个连续分手三次的男人，如果不是自己有问题，我实在想不出有什么理由来解释频繁分手的原因。"

听到花艺这样评价允浩，朋友显得异常地震惊。接着花艺继续说："年轻有为、安分守己的张阳，性格过于直板，毫无趣味。才气纵横的刘刚家庭条件太好，和我不是一个层次。只有古道，家庭和我一样，拥有共同的爱好，并且十分贴心，最重要的他的女性化和我自身的男性化十分搭配，有什么不好呢？"

其实，女人的幸福是一种实实在在的感觉，并不是依赖光鲜的外表。如果一个男人长着令无数女人着迷的脸，却让万幸的你成为了他的女友，你千万不要高兴得太早，更不要在别人的羡慕声中沉醉。你永远都不可能知道他会不会在人后对你拳脚相加，或者他会不会再去找比你漂亮、比你优秀的女人，千万不要忘记，有些男人也是"金玉其外，败絮其中"。如果你为了看起来漂亮却选择一件穿着不舒服的"衣服"，实在是不值得。

选择爱情和选择衣服其实是非常相似的，不一定要买"名牌"与"好看"的，那些表面上冠冕堂皇的总是不重要的，最重要的是发自你内心的真实感觉。男人和衣服差不多，穿上合身、舒服才是重要的，只有这样才能让你穿出自己的魅力和风情。

3. 婚姻就像"风筝"，掌控的"线"在你自己手中

· 智慧女人私房话

婚姻是风筝，只要你紧紧地拽住手中的线头，该松则松该紧则紧，你要相信，不管它飞得多高，只要线还在你手里，风筝就永远都不会飞离你。

相爱容易相处难，现实的爱情不一定有惊天动地的举动才叫精彩，感情也并非一定要有海誓山盟的承诺才算真爱。真实的生活有时候仅仅是一些琐碎、冗长和沉闷的事务，而且生活中的模式很多都是机械式的重复。很多女人以为结了婚，自己就有了一切，希望自己被宠爱、被需要，甚至相信婚姻就是改变女人命运的转折点。无论过去的自己如何，只要自己嫁了一个爱自己的丈夫，那么自己一切都会幸福甜蜜。其实，嫁得好并不代表过得好。结了婚，并不意味着永远稳定，一切都还紧紧地掌握在女人自己的手中。

安妮宝贝说："不要束缚，不要缠绕，不要占有，不要渴望从对方身上挖掘到意义；那是注定要落空的东西。"女人将自己的幸福完全寄托在婚姻上是不理智的，也是产生婚姻悲剧的根源。再轰轰烈烈的爱情，最后都要经过平淡的生活考验，都要纠结柴米油盐的烟火味。如果你觉得婚姻过于平淡，为什么不能自己制造一点浪漫？如果你觉得你的男人无趣，不能像恋爱的时候那样关心你、爱护你，为什么你不能主动一些，去关心一下他，找回一点恋爱时的感觉？

秦瑶和丈夫刚刚结婚半年，两个人就不怎么亲密了。平时她也不做饭，喜欢在家吃一些零食，而且零食的包装袋随手就扔。丈夫也不

说什么，每天下班回来，自己煮面，日子就这样平淡无奇地继续。有一次，丈夫出差，连续一周都没有回家，秦瑶才感觉到，没有丈夫在的日子真的是很无趣。她买了机票，偷偷地飞到了丈夫出差的城市，却看到了令她心痛的事情，原来丈夫已经在外面有了别的女人，秦瑶的心一阵阵刺痛。

丈夫没有提出和秦瑶离婚，也没有理会她。秦瑶这时表现得异常愤怒，她动手打了那个女人，和丈夫闹得不可开交，最后丈夫提出了离婚。但是，秦瑶却拒绝了丈夫的要求，并且告诉丈夫，想要离婚除非将全部财产都分给自己，否则离婚连门都没有。丈夫面对秦瑶的无理要求，拒绝了离婚，然后就带着那个女人去别的城市度假了。

秦瑶一个人伤心欲绝，但是自己也没有什么办法挽回老公的心。她知道是自己平时对老公的关心不够，才导致他出轨。但是丈夫这样做完全就是不给自己弥补的机会。她忽然感觉自己的生活都坍塌了，觉得活着没有什么意义了。

婚姻并不能决定女人的一辈子，但是婚姻的走向却决定在婚姻中两个人的手中。结了婚并不代表拥有一切，女人不能自甘堕落。不要让婚姻决定了你命运的模样，你的命运没有拴在婚姻上。不要依附婚姻，也不要亵渎婚姻，否则你的婚姻只能是走在不良的道路上。婚姻不能决定女人的命运，但是女人却可以决定婚姻的命运。在婚姻中，有的时候需要我们自己去维持。婚姻就像是一座城，如果城墙破旧了，就要想办法修补上，如果城墙坍塌了，就要主动去砌上。

4. "性福"生活，不是谈"性"色变

• 智慧女人私房话

有句话说，爱情像水泥，性爱是钢筋，和在一起叫混凝土。美满的婚姻需要高质量的性爱来保证。

对于一个女性来说，婚姻中最重要的症结是什么？婚恋专家肯定地说："性"。性生活的不和谐可能会导致婚姻的冲突，这是一个必然的问题。古人曾云："床头打架床尾和。"这就是说婚姻生活中的性是一个能够"克敌制胜"的方法，而且这种胜利的结局应该是双赢，在享受性爱的同时也增进了感情。但生活中却有部分女人，偏偏喜欢将怒气带到床上，这样的女人很明显是不聪明的。

婚后夫妻间的性生活不和谐，会导致很多人婚后不快乐。著名的生理学家汉密尔顿博士也得出了相同的结论，他在书中说："只有那些有偏见、不谨慎的精神治疗专家才会说多数婚姻的冲突不是因为性生活不和谐引起的。无论如何，如果性生活和谐的话，其他的一些冲突还是很容易化解掉的。"

婚恋专家发现大多数失败的婚姻都是因为以下4种原因造成的：

（1）性生活不和谐

（2）经济原因

（3）生活方式引起矛盾，极其不统一

（4）心理、身体或者情绪的反常现象

经济并不是主要的不和谐因素，正是因为性生活的不和谐才造成了很多婚姻的破裂。性生活是一种重要的天然本能，它应该引起众多

人的重视，在婚姻中如果性生活不快乐，那么这意味着两个人的婚姻也应该是痛苦的。快乐的婚姻很少是机会的产物，它就像建筑物一样，需要精心设计。

黄菲是一个很好强的女人，做任何事情都希望自己是胜利的那一方。这种争强好胜的性格到婚后也没有丝毫的改变。有的时候她和老公吵架，无论对错，只要自己吃了亏，必定会疯闹一个晚上不消停，倘若老公道歉，她也会让老公睡在沙发上，几天都不许接近自己。

为了给老公一个所谓的下马威，起初这招还是很管用的，但是时间长了，老公就会跟自己认错并主动道歉，睡到半夜就敲门。老公是很聪明的，知道无论老婆怎样生气，只要一把将她搂过来抱住，她就会原谅自己。况且女人耳根子都软，听不了好话，黄菲也就原谅了老公。

这招似乎成为了老公的必杀技，直到后来老公生气了也不来敲房门，黄菲忽然感觉到有些不对劲，但是自己还不好主动示弱，后来才发现原来老公在外面已经有了别的女人。

女人不应该把自己的怨气带到夜生活，并用"禁欲"的方法对付自己的男人，采取这种方法的女人是相当愚蠢的，也是相当可悲的。殊不知，当自己还在为自己的聪明伎俩扬扬得意时，自己的男人或许已经跑到别人的温柔乡里了，到最后只剩下自己孤家寡人。聪明的女人应该在床上征服她的男人，让他离开你不能活。女人应该有一套自己的性爱经，懂得用自己的方法让男人臣服于自己的石榴裙下，而不是将男人亲自送到别的女人手中。

聪明的女人都知道，在性爱中主动不是让女人变成悍妇，而是运用肢体语言，一切尽在不言中。聪明的女人也知道性爱最忌讳的就是勉强，她们在自己实在不想的时候宁愿拒绝男人，也不会让男人识破自己装出的高潮。她们知道偶尔爆发的激情会使主动来得顺其自然，也会让性爱终生难忘。智慧的女人会运用自己的智慧提高"性福"，而不是谈性色变。

女人，不要因为情面而羞于行动，婚姻的不和谐必须进行改变，"性"一定要改变，性生活是自然而正常的，同时也是正常的人都需要的，它是婚姻中很重要的一个要素，同时也是幸福的必须体验。

5. 如果"过去"不能过去，何谈未来

· 智慧女人私房话

　　奥斯卡·王尔德说："每个圣人都有过去，每个罪人都有未来。"

　　恋爱或者婚姻中的男女，总喜欢纠结于这样的事情，对于爱人过去的恋情刨根问底，当知道真相后，就会变得暴跳如雷，即便那是很久以前的事情了。也许对于女人来说，这是因为太过于在乎对方导致的，实际上男人对于这份"独特的爱"，是"无福消受"的。过去的事情或者过去的恋人触动了男人的神经，同时也让女人陷入了苦闷之中不能自拔。是女人让这本来已经过去很久的"过去"再一次登上了台面，使得眼前本来甜蜜的感情摇摇欲坠。

　　其实，每个人都有自己的过去，每个人的过去都有不堪回首的部分，也许是失败，也许是伤害，甚至是肮脏、痛苦和屈辱。我们可能没有办法也没有必要将这些遗忘，但是为什么不能将这些释然呢？女人要试着和这些"过去"和解，要接纳全新的生活，就要忘掉"过去"，这是你迈向新生活的第一步。无论是谁，都有属于自己的感情世界，这是任何人都无法抹杀的事实，即便是你身边的男人如何让你不

高兴，毕竟往事如过眼云烟，你并不能追溯这一切，也不能阻止已经发生的一切。

小岩和小玉是一对新婚的甜蜜爱人。但是这一切都被小岩的"岩岩本纪"破坏掉了。小岩是一个颇有文艺风范的男青年，平时爱好书法、绘画和锤炼文字。在和小玉结婚恋爱之前，就受到了很多女人的倾慕。因此，小岩有着丰富的感情史。

小岩在日记中写到自己曾和女友小蝶一起逛街、一起爬长城的甜蜜日子，还写自己和女友小鸥同居的日子，又写了自己和女闺密邵欢温暖和幸福的生活。看到记录着男友曾经感情史泛滥的"岩岩本纪"，尽管这些都是几年前，甚至是十几年前的事情了，小玉还是与小岩大闹了一番。从此以后，小玉似乎有了"法宝"，只要小岩有什么不顺从小玉的事情，小玉就将这些事一一说出来，并将其中的每一个细节都熟记于心了。

虽然小玉知道自己这样做不好，但是她始终对小岩的过去无法释怀。她总是觉得小岩是她的初恋，自己的感情史中只有过他这样一个男人，可是小岩却有着那么多女人，而且每一个都和他关系不一般。

小玉每一天都不断地和小岩吵闹，并强迫小岩把自己没有写出来的事情也必须如实招来。小岩被小玉闹得愤怒地穿上衣服，出门以后，再也没有回来。

任何一个女人都不要去纠结男人的过去，如果你的男人能够对你的过去释怀，你为什么不能容忍他的过去呢？想要和自己相爱的人幸福地生活在一起，就不能将自己的眼光始终停留在"过去"，既然那些"过去"已经过去了，就算你再怎么纠结，过去都改变不了。与其对那些改变不了的事情纠结，不如花一些精力去了解他的现在和未来。女人想要与对方牵手度过一辈子，就要记住：爱对方，就要忘记对方的"过去"。

6. "遗憾"是爱情的至高境界

· 智慧女人私房话

　　张小娴说："爱情和情歌一样，最高境界是余音袅袅。最凄美的不是报仇雪恨，而是遗憾。最好的爱情，必然有遗憾。那遗憾化作余音袅袅，长留心上。最凄美的爱，不必呼天抢地，只是相顾无言。失望，有时候也是一种幸福。因为有所期待，才会失望。"

　　有句话说："懂得了遗憾，就懂得了人生。"其实许多感情从开始到结束，不管结果如何，每个人都会有或多或少的遗憾。错过的一切如同错过的时光一样，无法找回。也许只是错过一点点，然而就会错过很多，或许还会错过一辈子，留下终生的遗憾。也许世间最大的悲剧莫过于两个相恋的人不能牵手一生一世，但是正是有了这样的遗憾，那份情谊才越发弥足珍贵。漫漫人生道路中，珍贵的东西有很多，但是我们总会因为这样或者那样的原因，没有很好地把握住，最终只能留下遗憾。

　　也许，每个女人都有自己遗憾的事情，都有自己错过的人或者事情。但是人生正是因为有了这些错过，才有了美丽，也正是因为有了这些所谓的错过，才成就了如今的完美。女人为什么总是喜欢把错过和失去当成是人世间最遗憾的事情，为什么不把它们看成是人生中最美的邂逅呢？

　　很喜欢听徐誉腾演唱的《等一分钟》这首歌，或许是因为那种遗憾中透着丝丝伤感的歌词更能打动女人的心，"如果生命，没有遗憾，没有波澜，你会不会，永远没有说再见的一天，可能年少的心太柔软，

64

经不起风经不起浪，若今天的我能回到昨天，我会向自己妥协，我在等一分钟，或许下一分钟，看到你闪躲的眼，我不会让伤心的泪挂满你的脸。"有的时候，我们幻想时光可以重来一次，那样的话就可以重新选择一切，面对相同的时间里发生的相同的故事不会再重蹈覆辙，不会再走这样的心路，可是想过没有，如果没有经历过遗憾，又怎么能懂得珍惜？如果不是遗憾，又怎么可以那么刻骨铭心，又铭心刻骨地去记住一个人？

生命只是沧海一粟，然而却承载了太多的情非得已、聚散离合，不甘心也好，不情愿也罢，生活一直都是一个任人想象的谜，因为不知道最终的谜底，也只能一步步地向前走。每一个女人都有一个这样的谜，自己猜不透，别人也打不开。美丽就在于此，即便是任何人都无法轻松跨越，这就是遗憾的魅力。懂得了遗憾，就懂得了人生。遗憾是人生的必经之路，我们无法避免遗憾，那么就在有了遗憾的时候鼓励自己：我不后悔！

7. 强扭的瓜不甜，强求的爱不全

· 智慧女人私房话

罗曼·罗兰说："对爱情不要勉强，对婚姻则要负责。"

对不爱自己的人，女人要学会理解和放弃，并大方地送上自己的幸福。但是对于爱自己的人，要学会珍惜和细心经营。感情这种事，是不能勉强的，很多人都感慨，爱情来的时候，撕心裂肺、肝肠寸断，不爱的时候又那样斩钉截铁、冷眼旁观。如果你对一个人没有感觉，那么没有缘分的感情再怎么强求，都没有任何意义。爱情就是一种奇妙的东西，只要缘分来了，感觉对了，不需要任何理由。

莫小棋曾经这样比喻不能勉强的爱情："爱情就好像是接戏，有个角色明明你很想演，做了很多功课，也约制片人和导演吃饭，告诉他们你的想法，但最终他们还是没有选你。可能你自己的确不好，可能你不适合这个角色，可能就算你演了也不一定就好……"

万芳是一个很漂亮的东北女孩，凡是见过她的人，都会被她的容貌所吸引。就因为她的长相漂亮，很多男孩子都拼命地追求她，但是她却唯独喜欢那个对她不来电的李劲松。

为了能够和李劲松成为朋友，万芳大胆地约他出来看电影，但是对方虽然准时赴约，但是似乎对她并没有任何兴趣。李劲松要去青岛游玩，万芳提前帮他买好了往返的车票。李劲松放假回家，万芳还给他准备好了路上吃的东西。但是无论万芳表现得多么热切，都无法获得李劲松的真心。

眼看着李劲松就要有自己的女朋友了，万芳终于着急了，她拿着玫瑰花向李劲松表白。

"我喜欢你，我要你做我的男朋友。"万芳深情地对李劲松说道。

李劲松看了看万芳，微笑地点点头。但是他却说："万芳，我也很喜欢你，但是只是把你当作妹妹一样看待。你会找到属于你自己的白马王子。"为了让万芳死心，李劲松搬到了一个陌生的城市，断绝了与万芳所有的联系。

万芳独自等待李劲松，她决定就一直这样等着他，他一定会被自己的真心打动的。几年后的一天，她从朋友的口中得知李劲松已经结婚了，而且已经有了两个孩子。万芳哭了，她伤心极了。她的姐姐却在这个时候给她讲了一个故事：一个王子爱上一个公主，公主告诉他，如果他愿意连续100个晚上守在她的阳台下，她就接受他。于是王子照做了，他等了一天，两天，三天……直到第九十九天，王子离开了。

为什么王子不再坚持最后一天？答案很感人——爱情不能只是一个人的付出。王子用 99 天证明爱，用第 100 天证明尊严。

万芳听完故事以后，终于明白了，真正的爱不是一个人付出。一个人的爱情是强求不来的，强求的爱情只会让自己痛苦。

每个女人都曾渴望过在年轻的时候，能够拥有一份十分美好的爱情，喜欢看到自己喜欢的人对自己穷追不舍，也对自己身边的男人要求十分苛刻。但是，很多我们自己很渴望的爱情却总是稍纵即逝。其实，爱情更多的时候是让人费解的，没有缘分的人，即便是你拿出对于对方再多再美好的诱惑，他都不会接受。但是那些真正属于你的人，不需要你有任何的理由，就是喜欢与你在一起。

有人说，感情说到底就是个愿赌服输的事，为了他你愿意赌，但你也要学会放下，不是所有的感情结局都是在一起的，还有很多其他的结局。在爱情中不要失去自尊，全世界只有一个你，对自己好一点。如果他不曾把你当作全世界，至少你要对得起你自己。不要做任何人的备胎，要做就做方向盘。

第 6 章
爱情向左，婚姻向右

爱情和婚姻是两回事，绝对不可以混为一谈。著名的文学大师钱锺书说，婚姻是一座围城，外面的人想进去，里面的人想出来。其实，爱情就像拥有一双鞋，你还不知道这双鞋是否舒适，只是拥有便很开心；婚姻就像试穿一双鞋，舒不舒服，只有脚知道。如果婚姻可以不再是爱情的坟墓，那么幸福的又岂止是女人，所有在爱情中的人，都能够获利。

1. "假面舞会"上的爱情，自欺也欺人

· 智慧女人私房话

作家曾子航认为，热恋时，我们每个人都会陷入一种"梦中情人的光环效应"中，你爱上的其实不是你的恋人，而是对梦中情人的需求，是来自孩提时代对未来的一种想象。大多数热恋越快乐的女人，失恋的时候也就越痛苦。

人们在热恋的时候，就好像在一场热烈的假面舞会上寻找自己中意的舞伴，但是却忽略了彼此都戴着厚重的面具，你既看不到对方真实的容颜，对方也无从知晓你的面貌。但是，当舞会散场、卸掉面具之后，你才发现自己有一种上当受骗的感觉。对方不是你要找的理想梦中情人，你爱上的只是那个戴着面具、符合你心中口味的幻影。曲终人散，爱情也成为了"一时头脑发热"的错误。爱情不是不可信，更不是不能信，只是很多人都让自己的爱情变得异常盲目，让热烈和情不自禁在平淡的生活中，渐渐遗失，直至让假面后的自己素颜，让自己的爱情也素颜。

爱情和婚姻是两回事，但是却又不单纯是两回事。有人说："没有婚姻的爱情，让你死无葬身之地；没有爱情的婚姻，则是一片葬身之地。"很多人的爱情和婚姻都是一个向左走，一个向右走。女人拼命地想要找到一个自己爱的男人，还有一些"聪明"的女人想要找到一个爱自己的男人，其实这种将婚姻和爱情完全分成两回事的女人，最后往往得不到满意和幸福的婚姻。因为她们并不知道"爱与被爱，都不如相爱"。

马海红是一家大型国企公司的文秘，不仅长相甜美动人，而且内

涵渊博。她的身边追求者很多，但是她却一直不为所动。因为她一直有自己心中的"白马王子"的标准，并一直在努力地搜寻中。

但是，前不久她却突然闪婚了。29岁的她嫁给了一个毕业于名牌大学、外表长相斯文的男人，两个人步入婚姻殿堂还没有半年，却闹起了离婚。马海红找到了好朋友静静，并对她哭诉自己受骗了，她面容十分地憔悴，泪水夺眶而出。

"他婚前的优雅和高贵在婚后就无影无踪了，和自己单位的女实习生发暧昧短信，常常夜不归宿还带着一身酒气。他的温柔和无微不至的关怀也变成了家庭暴力，将我的脸打出了血，还揪住我的头发，对我拳脚相加。我简直太眼瞎了，怎么嫁给了这样一个变态和禽兽？"马海红激动地哭诉着。听到这些，静静无奈地摇摇头说："不是他太善于伪装，而是在热恋的时候，他的这些缺点都被你视为优点，这也许就是'情人眼里出西施'吧。"

不是爱情让人沉沦，而是热恋期的盲目让人难以自拔。喜欢将热恋时的疯狂状态误以为是爱情降临的人，最后都会受到现实给予的一记响亮的耳光。爱情不能是幻想的童话故事，情人也不应该是至死不渝的梁山伯和祝英台。如果有一天你坠入了情网，疯狂地爱上了对方，你必须时刻地提醒自己，眼前这个"白马王子"并不是真正地吸引了你，而是你自觉地给对方加上了一种"梦中情人的光环效应"，你对他的吸引，并非源自真爱。

真正的爱不是喜欢一个人的优点，而是能够包容并接受他的缺点。完美的情人在这个世界上根本不存在，在爱情中彼此多一些包容和关爱，少一些自私和要求，对于你来说，这就是一场幸福的婚姻。美国著名心理学家克里斯托弗·孟说："过分期望就是愤恨的前身。"白马王子不一定适合过日子，白雪公主也不一定能够得到自己满意的婚姻和幸福的爱情。

2. 放弃改变男人的念头，接受本来的他

· 智慧女人私房话

张小娴说："女人只要管好自己就已经很了不起，干吗要去管男人呢？听话的男人不用管，不听话的男人，要管也管不到，对你好的男人不用管，对你不好的男人，不会让你管，爱你的男人不用管，不爱你的，轮不到你管。"

俗话说："江山易改，本性难移。"性格的改造真的很难，冰冻三尺，非一日之寒，一个人的性格是经过多少年的为人处世去塑造的，又岂能因为你所谓的"爱的力量"有什么大的改变呢？或许很多女人对于男人不可改变这个道理都会嗤之以鼻，然而，这却是不争的事实。男人可能会因为爱你，做过一些改变，甚至还饶有趣味地坚持了一段时间，但是不需要多久，他就会恢复到原来的样子。男人可能会因为爱而走进婚姻，但是这并不代表他愿意在爱的约束下丧失自己的一片天空。

女人对于男人的管束往往会将男人惹怒，非但改不了他的劣根性，还会火上浇油，让他离开你的怀抱。当你一遍遍地唠叨"不要在家里面吸烟"或者"吃饭前要洗手"，却不知道男人会因为你的这些话多么地烦恼，甚至工作累了一天，宁愿在酒吧待着，都不想进家门。女人在婚前总是喜欢将你的男人想象成你想要的样子，你以为你的好意和爱会让男人有所改变，实际上这根本就没有办法改变。因为在你认识他之前，他的性格和习惯就已经养成了，早已根深蒂固。

第一次进入小李的房间，眼前的情景让华玉有些不知所措。只见

军绿色的被子卷在床上，一米多宽的床上还扔着他前几天穿过的衣服。地上到处是烟头和随手乱堆的洗脸盆，抬头看去几件乱糟糟的衣服挂在墙上，七扭八歪。小李非常不好意思地笑着说："我今天早上起来，还没有收拾屋子呢，你别介意，先坐会儿啊。"经过几番惊天动地的挪动，终于有一块可以坐着的地方了。华玉心想，等到以后和他结婚了，有了责任的约束，也许就会好了。

后来，华玉和小李如期结婚了。小李虽然从男朋友摇身变做华玉的老公，但是以前的坏毛病并没有任何的改变，还是那样喜欢到处乱扔东西。为了能够改掉小李的毛病，华玉先使用软的方式，经常说："亲爱的，你看我每天收拾房间多辛苦，你也该改一改了。"小李总是不好意思地答应，然而第二天依旧如此。

华玉难以忍受小李的行为，开始动用硬政策。除了警告还有吵闹，小李改了几天又恢复原来的老样子，华玉就开始跟在小李的身后，不断地督促他。由于华玉的"死缠烂打"，小李甚至不愿意回家，下了班就跑回妈妈家，吃了饭就直接在那儿住下来。华玉的方法不仅没有奏效，还将自己的老公成功地赶出了家门。

聪明的女人都懂得，责骂或者批评永远不可能改变一个人。所以，她们从不试图去改变自己的配偶，将对方修正为第二个自己。女人，如果你坚信你拥有改变一个人的力量，那么这个人只可能是你自己，而不是别人。所以，为了自己和配偶的生活更加甜蜜和幸福，你要放弃改变他的念头，接受他本来的面目。曾子航说："一个人攻击自己的另一半，其实就是在攻击你自己。"不要去试图让别人按照你的方式去活，你的生活方式不见得就是最好的。

3. 婚姻不是爱情的坟墓，而是延续和归宿

· **智慧女人私房话**

　　一位哲学家说："丈夫只要懂得称赞妻子的旧衣漂亮，她就不会吵着买新衣。亲一下她的眼睛，她就会变成瞎子。吻一下她的嘴唇，她就会变成哑巴。"

　　美丽的爱情易找，幸福的婚姻难求。女人想要一辈子求得美满的婚姻，就得学会时刻仔细地审视自己，应该学会接受生活中的平淡，学会用欣赏的眼光去看待自己的爱人。任何美丽和浪漫的婚姻都经不起平淡的考验，很多甜蜜的情侣总是被婚后的无聊、乏味所困扰，总是感慨"婚姻是爱情的坟墓"。其实，婚姻并不是爱情的坟墓，女人决定了爱情的样子。如果一个女人总是追求在浪漫的花丛中度过自己的婚姻，那么爱情便不是纯粹的爱情，而是留恋于形式的两只蝴蝶。

　　任何一个有能力面对平淡生活的女人，她的婚姻总是天长地久般地浪漫。浪漫并不是烛光晚餐和含情脉脉的浓情蜜意，如果眼前你的爱人只是在你生病的时候，为你熬药、帮你擦脸，你怎么能够说这不是一种最朴实、最真实的浪漫呢？任何婚姻都离不开一日三餐，离不开锅碗瓢盆和柴米油盐，你听说过哪对夫妻是下馆子一辈子的，不食人间烟火的夫妻本身就失去了生活的本身，还有什么是值得羡慕的呢？

　　娟娟又一次生气了，面对眼前这个木讷的男人，她已经无语了。她不明白为什么丈夫就不能像电视里的男主角那样，给自己一些惊喜，让自己享受一次爱的浪漫。娟娟一个人趴在床上伤心地哭了，她大喊大叫，将自己的男人赶出家门，并打电话告诉他，永远都不要回来，

自己已经厌倦了。

夜里，娟娟无数次地回想，心一遍遍地发凉。这种没有任何表达、连一句挽留的话都不会说的男人还有什么乐趣可言。终于，她在黑夜中作出了一个决定，她要和他离婚。

清晨起来，头痛欲裂。娟娟一个人有气无力地从床上爬起来，走出卧室，她看到了卧室门外男人平时穿的拖鞋，她一脚踢开了它。然而却发现鞋底有一张字条，上面写着：老婆，我不知道我哪里错了，惹你生气了，但是请你不要不开心，伤身体我也会难过的。

她看到这句话，心里面很郁闷，来到厨房，发现什么吃的都没有了，但是餐桌上留着一张纸条：老婆，你一定饿了吧，现在打开门，我带来了你喜欢吃的肉松面包和牛奶。娟娟惊奇地半晌无语。她迅速地打开门，发现了他。他紧张得像个孩子，手中捏着面包在她眼前晃了晃。

娟娟流下了眼泪，她终于明白，浪漫的电视剧怎么能够超越这份真实的爱情呢，她一下扑过去狠狠地抱住了眼前的男人。

其实，婚姻的色彩是靠夫妻二人共同涂抹的，如果你不愿意在上面描绘任何图案，还要去羡慕别人家的图案漂亮，那么错误就在于你自己。女人，总是不断地感叹婚姻的生活乏味和无奈，然而你却并不懂得，婚姻的本身就是平淡的。每一对情侣都要靠自己的能力为婚姻积累不同的颜色，这样婚姻才会变得越来越丰富，越来越有激情。一个女人如果能够接受和享受平淡的勇气，那么你的婚姻不会是爱情的坟墓，而是爱情的延续和归宿。

4. 爱人是用来爱的，而不是用来比较的

· 智慧女人私房话

有人说："幸福是用来感觉的，而不是用来比较的。生活是用来经营的，而不是用来计较的。感情是用来维系的，而不是用来考验的。爱人是用来疼爱的，而不是用来伤害的。金钱是用来付出的，而不是用来衡量的。谎言是用来击破的，而不是用来粉饰的。信任是用来沉淀的，而不是用来挑战的。"

女人都要聪明一点，不要追求虚幻的完美。女人在选择男朋友时，总是有比较心理，比如现在这个男友不能比前男友差，或者这个男人不能比别人的男友矮，种种比较的感觉在心里已经形成固定影像，然后时刻提醒自己按照这个标准选择男友。爱情其实是一种美妙的信仰，在爱情的世界里，两个人永远都是完美无瑕的。然而时间的流逝，信仰也会有所怀疑，逐渐清晰的缺点，让沉浸在爱情中的人清醒了，所以悲剧也就发生了。

涂了荧光粉的玻璃球在夜晚都是美丽的，但是在白天就是一颗普普通通的玻璃。女人应该在看男人的时候要多方面、多角度地去审视，要知道夜幕下看到的不一定就是真实的。人不应该追求虚幻的完美，尤其是爱情，更不要因为过去而影响现在，也不要因为别人而影响自己。适合别人的男人，不一定就适合你。过去的男友之所以与你分手，是因为你们真的不合适，何必在找一个和他一样或者和他比较的男人呢，有什么意义呢？世界上的男人有千万种，有很多男人都各有自己的优点，也许某些方面都要比原来的男人好，不要错过眼前爱你的人。

你要知道爱人是用来爱的，而不是用来比较的。有句话说："货比货得扔，人比人得死。"任何一个男人都不能忍受自己被拿来做比较，如果你用自己的爱去看待一个人的时候，再好的男人都不如你眼前的男人。

你的另一半是拿来过日子的，而不是拿来比较的。其实最好的日子，无非就是你在闹，对方在笑，如此温暖过一生。

5. 婚前"睁大眼"，婚后"半闭眼"

· **智慧女人私房话**

杨澜说："我所听到的事业很强大的女性，没几个是家庭幸福的，'优秀的女人在男权的世界里未必吃香。'当家庭利益与个人名利相冲突时，对自己该闭眼时就闭眼。"

什么样的女人能够在婚后获得同婚前一样的幸福？答案当然是做一个适时糊涂的"傻"女人。清朝著名书画家、诗人郑板桥曾写下"难得糊涂"的条幅，还附有"聪明难，糊涂难，由聪明转入糊涂更难"。每个女人都有着先天的洞察力、敏感性，这样一来，男人任何举动都逃不过女人的眼睛。但是聪明的女人会让小事随着时间的流逝而流逝，但是愚蠢的女人会斤斤计较，夸大其词，弄得自己的男人颜面扫地，以至于最后男人不能够忍受她的计较和唠叨，远离她的抱怨，远离她的生活。

俗话说："金无足赤，人无完人。"在婚姻中的两个人都不是完美无缺的，任何人都同时存在着优点和缺点。作为一个妻子，适时地糊涂一下，宽容对方的缺点，其实也是对自己最大的宽容。莫鲁瓦说：

"没有冲突的婚姻，几乎同没有危机的国家一样难以想象。婚姻就是把一个男人和一个女人结合起来，组成一个家庭，家庭成为两个人的共同体。然而男人和女人毕竟是两个不同的个体，有着不同的思想和生活习惯。"婚姻是一门艺术，也是一门学问。在结婚前，作为女人，我们应该保持清醒的头脑，找准自己的另一半；而在结婚以后，我们就应该适时地糊涂，睁一只眼，闭一只眼，对一些无伤大雅的事情不要过分追究。

倩倩是一个家世很不错的女孩，大学毕业以后还找到了一个很不错的工作，之后嫁给了同事的朋友。两个人是同事小李介绍相识并在一起的。刚刚结婚的时候，两个人的关系还不错，生活也很安静。可是过了两年之后，夫妻之间的矛盾就起来了。倩倩总是埋怨丈夫黄毅下班回家太晚，还嫌弃他赚的钱少。而黄毅也因为倩倩的吵闹很少回家，基本上就在单位住下了。

倩倩三天两头地就去公司找小李，并和小李也产生了矛盾，她埋怨小李介绍了这样的男人给自己，而小李却说："我只负责介绍你们认识，结婚还不是你自己选择的，我难道带他向你逼婚了吗？"倩倩有的时候还会打电话过去质问黄毅："你赚多少钱，你拿回来多少？这两年咱们每一笔钱不都是我从娘家拿来用的，凭什么要我爸妈养你一辈子啊？"

倩倩跑回娘家的时候，爸爸什么都不说，妈妈就在一旁流眼泪。爸爸看不下去了就会说："现在知道后悔了，你结婚的时候都想什么了？长脑子了吗，你？"倩倩不敢和爸爸辩解什么，因为婚姻是自己选的，自己的选择只能是自己承担。

每个女人在结婚的时候都要做长远的打算，两个人组建家庭是一辈子的事情，不是一朝一夕忍过去就算了。如果你在婚前都不能接受眼前的男人，不要指望以后你就能够接受。婚前的时候，把关要严；

婚后的时候，能够装傻，就不要计较。当然，糊涂也是有底线的。如果超越了一定的界限，你就不能再糊涂下去了。如果发现你的男人左拥右抱，花天酒地，作为妻子，你就要捍卫自己的地位和权利。鲁豫曾经说过："女人在婚姻中应该适时地糊涂，做一个'傻'女人，小事糊涂，大事清楚。只有这样，才能经营自己的婚姻，才能牢牢地把握住婚姻的方向，拴住丈夫的心。"

婚姻就像手中沙，如果你握得越紧，那么流出的沙子就会越多，最后所剩无几。任何一对夫妻的婚姻都不可能没有小插曲，如果无论什么事情你都要弄得很清楚，那么你将很难经营你的婚姻。婚前睁大眼选好男人，婚后半闭眼，不要什么事情都斤斤计较。一般在婚后计较的女人，诋毁自己男人的女人，无非是为了证明自己婚前有多么的不长眼和愚蠢。"执子之手，与子偕老"并不是一个不可能实现的梦，只要两个人能够互相信任、互相包容，任何人都能拥有美妙的婚姻和爱情。

6. 学会"示弱"，不做"常胜将军"

· 智慧女人私房话

富兰克林曾说："如果你辩论、争强、反对，你或许有时候会获胜，但是这种胜利是非常空洞的，并且你会失去对方的好感。"

一个女人，无论你有多么优秀，在外面有多么风光，事业有多成功，记得不要总是想着做"常胜将军"，因为回到家里，你只是一个妻子、一个母亲、一个女人，你不要连自己作为女人的本质都丢掉。一个处处显示自己如何优秀的女人是得不到任何幸福的，女人要懂得

"示弱"，这样不仅不会让你失去自我，有的时候还会让男人对你言听计从。张爱玲曾说："善于低头的女人，是厉害的女人。"当然，适度示弱并不是无原则地软弱退让、屈膝投降，而是一定限度内寻求妥协与合作。

示弱，是一种经营人生的策略，需要一定的智慧和技巧。在现实的生活中，喜欢逞能的女人不愿向爱人低头，只会让自己的家庭破裂。卡耐基曾说："事实上，你不能在争执中获胜。你输了，就是输了，即使你赢了，也等于输了。原因何在？即使你赢了对方，把他说得体无完肤，你也许觉得当时很解恨，但是，因为你逼得对方低你一等，刺伤了他的自尊，就招致了他对你一辈子的怨恨！"也许在一次与爱人的争吵中，你赢得了所谓的胜利，但是却毁掉了一份爱情和一份婚姻。

叶美美是某名牌大学的高才生，后来自己开了一家公司，生意还算不错。每天她回到家中便对自己的丈夫呼来唤去，丈夫只能放下手中未完成的工作听她的差遣。几次下来以后，丈夫觉得叶美美很过分，虽然自己赚的钱没有她多，但是自己是她的丈夫，也不是她的员工。所以对于叶美美的再次差遣，丈夫拒绝了。

叶美美很气愤地像训自己的员工一样说："王华，你给我过来，看看你做的汤，你放盐了吗？放一勺盐多少钱，能死吗？"丈夫很生气地说："晚上吃那么咸对身体不好。"叶美美不甘示弱："我愿意对身体不好，要你来管我吗？你整天赚的钱还不够我一个零头，明天你就给我乖乖地辞职，去我那里帮我忙。"丈夫听到这里很气愤，辩解说："赚多少钱是我的事情，我没有做到丈夫的本分，我承认是我的失职，可是你做到一个妻子应该做的了吗？"叶美美看到丈夫这样质问自己，十分恼怒："你还敢和我顶撞，我怎么就失职了，我每天辛辛苦苦操持这个家，我容易吗？你在家做个汤都做不好，还能干什么？"丈夫很气愤地说："我和你结婚，难道就是为了给你做碗汤？"两个人吵得不可开交。

第二天，丈夫出去上班，叶美美红着眼睛追出来，将丈夫的包还有车钥匙一把扔下楼。小区里很多人都围观，王华瞬间觉得自己活得很没有尊严，已经无法忍受超人一般的老婆了。

一个争强好胜、喜欢竞争的女人，不但男人不喜欢，就连女人也不会喜欢。在她雄心勃勃地同男人较着劲儿，并通过某种竞争来证明自己的能力时，才能明白自己在获得某种成功的时候，也恰巧收获了失败。古今中外，能够打败男人的女人，很少依靠的是力量，99%依靠的都是以柔克刚的智慧，而示弱就是以柔克刚的关键。作为女人，你应该明白，和男人硬碰硬只能让事情变得更加糟糕。没有必要为了一点小事而争强好胜，如果女人退了一步，男人嘴上不说，心里也会充满感激的，他会因为你的示弱而更加地爱你。

7. 婚姻中，女人要懂得"吃醋"的艺术

· 智慧女人私房话

塞万提斯说："吃醋者永远通过望远镜看事物，它把小事变成大事，把矮人变成巨人，把推测变成事实。"

在爱情中，女人是一个先天的"醋坛子"，只要丈夫回家晚了，总会问"你怎么现在才回来，干吗去了？"有的时候还会审问丈夫一天的行踪，查看衣服上是否有其他女人的香水味，然后查看男人的手机有没有陌生的号码和肉麻的短信，甚至当男人在大街上遇到熟悉的异性多聊几句时，女人都会醋意横生。女人爱"吃醋"，最主要的原因是因为女人多愁善感，依赖性极强，一个女人越爱一个男人，她就会表现

得越在乎，希望这个男人完全属于自己，才会闹"吃醋"的情绪。

其实在生活中，偶尔"吃醋"还能够增进彼此的感情，能够让对方感觉到你一直深深爱着他。但是，如果无法控制的"吃醋"，然后做出一些很不理智的事情，那么女人也许宣泄了自己内心的醋意和不满，但是会让男人丢掉十分看重的"面子"，那么两个人之间的感情就会受到损坏，以致破裂。一个科学家曾经说过："无论是单身还是已婚者，几乎都会调情。无论是生物学还是文化因素使然，调情几乎成为了人类的第二本能。"所以适当的调情无伤大雅，还可以增加彼此内心的信任度和情感依赖。

小李和小彤是很好的朋友，多年下来，成为了无话不谈的知己。后来小李和小璐成为了男女朋友，小璐便要求小李不能再和小彤来往。多年的友谊受到了威胁，小李很生气，于是小李和小璐经常因为这样的事情吵架不止。

一次，小李要带着小璐去济南走亲戚，但是由于人在旅途，就在电话里拜托小彤帮忙买两张返程票。因为彼此是朋友，小李又麻烦了小彤，所以小李和小彤说要带一些济南的特产给小彤。结果到了晚上，小璐偷偷地翻看小李的手机，醋意大发。小璐说："你怎么还和那个女人联系，你有没有想过我的感受？你们之间的暧昧我不管，以后要是再让我发现，咱们就分手。"尽管小李进行了解释，但是小璐似乎没有打算原谅的意思。

事情过了半年后，一次小李和小璐租的房子出现了问题，恰巧小彤是这方面的专家，于是小李打电话向小彤咨询，并请求帮忙。小彤帮助小李分析了房子的利弊，又帮忙想办法拿回房租，小李要感谢小彤，小彤说不用了。后来小彤感冒发烧了，在网上发了状态，小李看到后，提醒小彤要注意身体。结果"注意身体"这四个字被小璐看到，小璐不依不饶地说："很长时间不见面很想是吧？"小李听到小璐的话，觉得这个女人不可理喻，于是反驳："我们只是朋友之间的关心，没有什么其他的，你想多了。"没想到小璐却说："做朋友就有朋友的样子，说话有点分寸，注意身体不是你应该说的。"

结果，小彤身边的朋友都为小彤打抱不平，小彤的男朋友都为自己的女友感到十分郁闷。当然，小彤的男友也从这样的事情中更加珍惜小彤了。

吃醋，是对感情的占有欲太强，酿造得越久，腐蚀性越强，而且有很大的破坏力。《射雕英雄传》中的黄蓉曾因为穆念慈而吃醋，《天龙八部》中的阿紫也因为阿朱而吃醋，而且还从中作梗。"吃醋"会让一个原本善良的女人变得心胸狭隘，修养全无。女人不要让自己本来爱男人的表现，变成了男人眼中的负担。不要动不动就醋意大发，对男人外在的人格进行侮辱，在事业上进行阻拦。偶尔和你的男人开点不伤大雅的小玩笑，在他无趣的时候给他撒个娇，才会成为男人眼中的宝贝。

第 7 章
别把金钱当安全感，
结婚不是为了"脱贫"

金钱能买到一幢房子，却买不来温馨的家庭，能换来一些虚荣，却换不来真正的幸福。很多女人可能为了所谓的富足，而选择放弃真正的幸福，所以悲剧也就这样产生了。金钱所带来的不是安全感，而是患得患失的爱情。平凡的小夫妻没有豪宅和钻石，却有同甘共苦、风雨同舟。智慧的女人不要让金钱遮住自己的双眼，更不要让结婚成为你"脱贫"的工具。这不仅仅是对自己婚姻的重视，更是对纯真感情的尊重。

1. 敢于"裸婚"的女人更相信爱情

· **智慧女人私房话**

　　《裸婚时代》的序言说："婚姻不是人生的最终目标，爱情也不是，它们只是工具，帮我们领悟自己和生命本身。对我而言婚姻只是一场漫长的裸奔，希望这次裸奔可以直达终点。"

　　对于裸婚，有部分人认为这是足够相爱的表现，也有部分人认为这完全是无奈和头脑发热之举。相信真爱至上的女人，将裸婚视为一种追求纯粹爱情的象征，而立足于现实的女人则认为裸婚等于爱情的坟墓，因为物质才是感情的基础。人们常说"有情饮水饱"，其实这不过是一句简单的励志箴言，面对现实，有几个饿肚子的人还会去惦记彼此之间的"情"。

　　《裸婚时代》中刘易阳有句台词这样说："我没车，没钱，没房，没钻戒，但我有一颗陪你到老的心，等到你老了，我依然背着你，我给你当拐杖，等你没牙了，我就嚼碎了喂给你，我一定等你死后我再死，要不把你一个人留在这世界上，没人照顾，我做鬼也不放心。童佳倩，我爱你。"

　　如果男人真的能够做到这一点，相信能够接受裸婚的女人将更多。然而回到现实中，女人面对这样的表白，也许只会感动得泪眼模糊。的确物质是构成生活的必需品，即便是婚姻也离不开物质，但是毕竟婚姻是建立在爱情的基础上，是由两个彼此相爱的人组成的。或许大富大贵、无忧无虑的生活是人们都向往的，但是那种生活在豪宅中，拥有花不完的钱的情侣依旧没有长久的爱情。看来婚姻不是有了物质就能够保障的，其根本还在于彼此之间那颗真诚爱怜的心。也许幸福不仅仅只有一种定义，而"裸婚"同样有着不可附加的幸福。

素琴在全家人的反对之下嫁给了"三无"男人李德，他们结婚的时候没有车、没有钱、没有蜜月，只有一间破草房。结婚的那天，素琴是被一辆牛车拉到李德家的。李德的爸爸说，如果素琴能够嫁过来，让李德带着素琴去北京看天安门。

结婚的时候，素琴和李德屋子里只有一张床、一口锅、两床被子。很多人都为素琴感到不值得，即便是在农村结婚，也不能就这样草率。但是两个年轻人结合在一起，一晃就是几年。李德在家开了个小烘炉，给一些牛马车的牛马钉马掌，素琴帮助李德拿起铁锤，做一些男人才能做的力气活。

第一次赚了钱，李德给家里面添了电视机，那个时候有电视机的人家屈指可数。一晃又是几年，李德的小烘炉变成了修理部，素琴开始带着两个孩子，做饭、洗衣服。家里面添置了各种电器，以前的破草房换成了砖瓦房。

等到孩子们都长大了，外出求学的时候，李德和素琴已经搬到了楼里，家里面有一辆大货车、一辆摩托车，还有一辆轿车。家里面的各种电器齐全，还有闲钱让素琴日常休闲。每当人们说起那年那个"三无"老公的时候，素琴都说李德是一个有责任、有品质和素质的男人，嫁给他是值得的。而李德却说："素琴用一辈子的幸福做赌注，相信我，我怎么能让她输。"

无论时代如何改变，人们之间的感情不应该随着时代改变。如果你两手空空，却遇到了一个能够与你相扶到老的男人，千万不要放弃，更不要因为金钱或者物质而错过他。当然，这种真心的男人是可遇而不可求的，不是所有的男人都值得相信，也不是所有的男人都去相信。我们不得不承认，我们父辈一代几乎全部都是"裸婚"，但是他们依旧相濡以沫地走到了今天，只是因为他们善待生活，彼此珍惜。而我们同样也能够白手起家，共同奋斗，只要彼此不改初心，就能创造一个温暖的家。

2. 不要做感情"物质化"的"拜金女"

· 智慧女人私房话

作家曾子航说："物质女和拜金女都是从小缺乏安全感所致，她们大都自卑。"

在电视相亲节目《非诚勿扰》中有句名言，宁在宝马车上哭，不在自行车上笑。很多女孩子眼中只有金钱，却不知道金钱并不能给一个人带来安全感。有人说："钱不是万能的，但是没有钱是万万不能的。"的确如此，人这一辈子，就是在围绕着衣食住行而活，没有钱这一切的运转都会受到威胁。然而钱并不是一切，用金钱来麻痹自己的女人，也只能越来越苦涩。如果不能嫁给一个德才兼备的男人，即便是守着一座金山也会变成穷光蛋。如果不能找到一个情投意合的男人，再多的金钱都不能填补心灵的空虚。

女人太过于物质或者拜金，无异于推自己进入无限的深渊。其实，根据一些专家研究表明，"物质女"、"拜金女"都是由于从小缺乏关爱和安全感所致，因为自卑，所以就不够自爱；因为不自爱，就需要物质和金钱来填补。

采薇年纪轻轻，身材妖娆，从小便有一个嫁入豪门的梦。大学毕业以后，终于如自己所愿，嫁给了一个有钱的商人。这个商人大她整整20岁，而且商人是看重了她年轻漂亮才愿意娶她，并不是真正地爱她。采薇心理也很清楚，在她看来，只要能够充分地享受物质生活，一切都好说。

采薇每天都过着穿金戴银的生活，跟那些所谓的阔太太一起逛街、购物。闲来无事坐在那玩几圈麻将，生活过得十分地惬意。

但是随着时间的流逝，采薇开始觉得生活枯燥不堪。男人没有给她生孩子的机会，她整天一个人，内心极度空虚，没有男人的疼爱。商人整天忙碌在外，一个月只有三天在家。她拿着钱开始出去进行全国旅游，她在途中看到了欢乐的一家三口，看到了甜蜜情侣的牵手，看到了夕阳下相互搀扶的老人。采薇的眼睛湿润了，难道这就是金钱带给自己的安全感吗？

比自己小两岁的妹妹念薇嫁给了一个普通人，两个人每天都很开心，夫妻两人每天都给对方做一顿好吃的，妹夫还特意为了妹妹去学习了烹饪。这种没有过多金钱，只有爱情的生活突然让采薇羡慕得心痛。她花了钱买来的衣物、食品，没有人欣赏、没有人共享。

其实，金钱只是满足了物质上的安全意识，它并没有真正地解决女人对于安全感的需要。曾子航说："安全感就像一个人的健康，只能自己给自己，别人给不了你！"也许很多女人都会在金钱与爱情上纠结，但是毕竟鱼和熊掌不可得兼。女人一定要分清哪个更重要，哪个能够给自己带来最大的安全感。

3. "女子爱财，取之有道"，别把婚姻当作"脱贫"的工具

· 智慧女人私房话

曾子航说："现在的男人是靠不住的，你以为你找的是像电线杆一样坚实的男人，结果当你一靠上去，发现他是一晾衣竿，风一吹就倒了。"

很多女人都希望有一个白马王子会牵着自己的手，从此过着无忧无虑的生活。然而现实生活中，有部分女人为了这个梦想，甚至放下自尊，只

为了能够追求丰厚的物质。但是她们却没有想过，当一切外在的东西都化作飞灰，在离开人世的时候，她们能够带走什么呢？有句话说："女子爱财，取之有道。"当金钱、名利和幸福放在眼前的时候，一定要慎重地做一个选择，金钱能够让你衣食无忧，但是没有幸福可言，而选择了幸福，就算会为了生计而发愁，但是生活会过得很充实。

也许，很多女人面对这样的选择都不知如何是好，但是你必须知道，即便是燕窝鱼翅也有吃得厌烦的时候，清茶淡饭、糟糠粗粮才是有益身心健康的滋补品。难道你真的愿意选择每天坐在宝马车里哭，也不选择坐在自行车上笑吗？哭红了眼眶，有谁来安慰你，有谁来心疼你呢？普通的男人靠不住，有钱的男人就靠得住吗？女人是想人前耀眼，人后凄凉，还是希望人前平凡，人后温暖呢？你要知道情感的需求是外在物质无法替代的。

秋月是一个很贪心的女孩，因为希望一夜暴富，她希望结识一些富家公子，这样自己就可以飞上枝头变凤凰。然而，当她结识了一家上市公司老总的儿子崔景明的时候，她才知道千万资产和豪华别墅都是浮云，唯有真爱才能让自己幸福。

秋月和崔景明恋爱三个月，崔景明就带秋月去见了自己的父母。崔景明的母亲是一个精明而刁钻的女人，在问过秋月的家庭状况之后，一点好脸色都没有给秋月。但是秋月为了能够嫁给有钱人，她忍受了未来婆婆的冷眼，忍受了未来公爹的嘲笑，依然选择和崔景明不分手。父母拗不过崔景明，最后同意了他们的婚事。

婚后，崔景明的父母拒绝秋月的父母来访，并拒绝和秋月说话。每当家里面有什么家庭会议的时候，秋月连基本的发言权都没有。除了唯命是从，别无其他。看到妹妹的婆家拿妹妹当个宝贝，快要把妹妹供上天了，秋月感到十分地羡慕。虽然自己的家庭条件要比妹妹的家庭好很多倍，但是妹妹却活得有尊严、有快乐。

一个女人的快乐有多少，并不取决于钱财有多少。别把自己的婚姻当作"脱贫"的工具，婚姻是爱情的延续，不是用来换取财富的条件。女人结婚难道不是为了嫁给一个彼此相爱的人吗？一个真爱你的男人，一个温暖的怀抱、一辈子对你不离不弃，好过一个人空对硕大的房子和冰冷的珠宝。女人希望能够有一个温暖而舒适的大房子，并没有什么错。可是房子有价，爱情无价。千万不要为了一栋有价的房子而放弃了无价的爱情。更不要为了所谓的物质而舍弃了自己的尊严，任何一种物质都没有你的尊严宝贵。

4. 男人如同股票，"潜力股"才是最好的选择

· **智慧女人私房话**

"潜力股"男人最能给女人以安全感，他们骨子里隐藏的是好男人的品质，任何时刻都体现出一种责任感，不甘于平庸，懂得把握机遇，有爆发力，富有挑战精神，他们不断向前、努力奋斗的精神，便是对女人最大的精神抚慰。

说到选择一个好男人，很多女性都会说要选择一个有房有车的有钱人，其实这就可以通俗地理解为"绩优股"。当然，选择了"绩优股"，也许短时间内你不需要为生活奔波，也不会为没钱买漂亮的衣服而发愁，但是人们常说"男人有钱就变坏"还是很有道理的。因为有钱的男人身边不缺女人，即便是他们不去找女人，也会有女人主动投怀送抱。所以，你的"绩优股"可能令你的婚姻随时亮起红灯。

当然，也许有的女孩会说选择"潜力股"，因为潜力股的男人给人安全感，骨子里隐藏着好男人的品质，任何时刻都体现出一种责任感，

不甘于平庸，懂得把握机遇，有爆发力。当"潜力股"的男人通过自己的努力开始升值的时候，你已经同他同甘共苦，有深厚的感情基础，即便是婚姻出现了裂痕，你们彼此了解，很快就能补救。所以，对于女人来说，选择男人就如同买股票，"潜力股"才是最好的选择。

李银河和王小波相识的时候，在《光明日报》做编辑，而王小波还没有考上大学，而且还是插队回来的，在一般人看来，他们很不般配。但是，社会地位和其他的一切偏见并没有影响两人的恋爱。李银河非常欣赏王小波的文采，她不顾世俗的眼光，毅然选择与王小波在一起。他们的感情发展得非常顺利，两两相伴，一起度过了甜蜜的恋爱时光。

王小波和李银河登记结婚，那个时候王小波正读大二，学生有规定不能结婚，所以结婚是秘密的。没有拍结婚照，也没婚礼，两家各请了一桌，不注重形式。王小波是一个不进商店的人，他从来没买过花送给李银河，唯一的一次就是送给李银河一顶纯色帽子，花了5元钱，是生日礼物。他们两个没有孩子，彼此心意相通地在一起生活。

后来，王小波没有辜负李银河的期望，他成为当代著名的学者、作家。在他们一生之中，一路走来，虽然也有艰苦的时候，但是他们却过得非常地幸福，成为了众人美慕的一对儿。

也许，很多女人读了上面的故事都会羡慕李银河，佩服李银河的眼光。当时王小波学历没有李银河高，而且也没有体面的工作，但是他有一颗奋斗的心，有一支可以写作的笔。王小波就是一支"潜力股"，在自己的努力下，这支"潜力股"升值了。其实，女人选男人就是一种投资的行为，必须要为自己的行为负责。如果你选得好，那么你的股票涨了，你也就过上了幸福的生活。相反，如果你选得不好，你的股票跌了，那么也要自己承受。女人要练就一双"火眼金睛"，这样你才能看准哪个男人是"潜力股"，哪个男人是"绩优股"。当然，无论你如何选择，你首先需要做一个自我提升，否则你根本无法拥有任何股份。

第三篇

装扮篇：浓妆淡抹总相宜

　　女人要跟紧时尚的脚步，穿衣、化妆、塑身，一样都不能忽略。正确的穿着能够提升女人的气质和品位，靓丽的妆容能够抬高女人的气色和容貌，婀娜的身形能够增加女性的魅力和吸引力。可以说，女人不仅仅要做一个有内涵的女子，更要做一个外表端庄、优雅的女人。只会读书的女人是一本字典，再好人们也只会在需要时去翻看一下，只会扮靓的女人是一只花瓶，看久了也就那样。服饰美容是做好一个女人的必要条件。女人需要多看书，但是装扮同样不可忽略。

第 8 章
"穿留不惜"，金装才能成就美人

　　俗话说："人靠衣装，佛靠金装。"从这句话中我们能够看出穿衣对于人来说是多么的重要。女人的优雅是可以"穿"出来的，穿衣服不一定非要选择漂亮的，选择大品牌，只有适合自己的，并了解自己的身材比例，才能穿出自己独特的气质来。任何一种穿着都有一套成文的讲究，穿鞋、佩戴饰品，以及穿衣的风格，只有选择对了穿着，才能让你"不鸣则已，一鸣惊人"，才能让你hold 住全场，成为女人世界里的"时尚女王"。

1. 时装是门"建筑学"，它与比例有关

　　凡是女人，都想穿漂亮的衣服。但是漂亮的衣服并不是每个女人穿上都会达到她们想要的效果。因为服装也挑人，也挑身材。一个女人穿衣能否漂亮并不取决于她拥有什么样的外貌，却和她的身材比例有着直接的关系。有多少女人知道自己的身材，如果你能够回答出以下 5 个问题：

　　① 你必须准确地知道自己的身高

　　② 你必须了解自己上半身和下半身的比例

　　③ 你明确知道自己的三围吗？

　　④ 你清楚自己的体重吗？

　　⑤ 你知道完美身材的计算法则吗？

　　如果以上问题，你知道、了解或者确定、清楚，那么恭喜你，你距离凸显自己的气质已经迈出一大步了。我们不得不承认，在生活中，并不是每个女人都能拥有黄金比例的身材，但是这并不意味着你的人生从此就再也没有靓丽的外表，女人了解自己的身材比例，才能够穿得更美丽，即使你真的圆润丰满，也不见得你穿什么都难看。如果你穿一件可以让自己看上去瘦瘦的衣服，这样就可以隐藏自己的缺点，显示出自己的美丽。对于身材偏胖的女人切记不要穿那些紧身衣，或

者是宽大的布满褶子的衣服，切记不可系腰带，宽的窄的都不可以。

梅梅是一个身材矮小，臀部又很宽的女孩。胸部也很小，腹部的赘肉又很多，梨形身材的她显得特别的臃肿。梅梅经常的着装就是紧身裤和长衣服，这样显得她整个人看上去特别没精神。

有一次，梅梅的表姐张弘来看梅梅，看到她这个打扮十分无语。身为形象设计师的张弘给梅梅打扮了一番，上身为她选择了 V 字领的散装，长度刚刚盖住了宽大的臀部；下身则选择了一款九分裤，梅梅的身体瞬间好像被拉长了好多，让她整个人看上去立体了好多。很多朋友看到梅梅的变化也一致地夸赞她。

女人想要穿得更加的漂亮，不光是要会选衣服，还要了解自己的身材比例，这样才能够扬长避短。身材矮小的女孩不是穿一双高跟鞋，梳一个高耸的发型就能解决问题的。过于怪异的打扮不仅不会为你带来立体的气质感，反而会让你变得不伦不类。其实具体的解决方法应该是选择简单而大方的直线条的衣服，最后衣服的颜色也要"清一色"地垂直下来。

身材高挑的女人似乎选择的衣服就会很多，但是建议不要让自己穿那种看起来更加高挑的衣服了，对于那些紧身衣以及冷色调的紧身裤都不要再选择了。其实，过膝的长裙以及宽松来风的大衣都比较适合。

当然我们也会遇到这样的情况，那就是你的身高和你的衣服没有任何的关系，明明身材高挑，却撑不起衣服。这就和身材的比例有很大的关系了，其实身材的比例并不仅仅指的是身高，还有一部分指的就是体重。瘦弱的女人通常胸小，臀部也略扁平，这个时候穿衣服就会出现撑不起来的现象，但是倘若在穿的衣服上搭一些饰品、围巾就会改变好多。在搭配衣服的时候，一定要坚持多层搭配的原则。

并不是每个女人都能拥有黄金比例的身材，有的女人上身比较长，而下半身则略短，这个时候就应该选择下身配长裤或者小百褶裙来搭配，这样会拉长下身的立体感，让腿看起来比较长，当然你也可以用宽大的腰带来提高腰线。

对于那些胸部和臀部比较丰满，而腰部却纤细的"葫芦形"身材的女人来说，建议你最好选择一款低领的上衣，然后是紧腰身的窄裙或者是八字群，面料最好是柔软贴身的。宽大的衣服会减少"小蛮腰"的魅力，但是如果你嫌弃自己腰部的纤细曲线，你可以选择直筒式的洋装或者中式长衫，这应该是不错的选择。

2. 服装巧妙搭配，穿出完美身材

> · **智慧女人私房话**
>
> 著名形象设计师说："女人满柜子的衣服不知如何搭配，那么多漂亮的衣服却穿不住气质，这说明穿衣搭配确实是一门学问。"

没有几个女人先天拥有完美的身材，然而很多拥有完美身材的女人却始终穿着显现不出气质。看着如今大街上那些打扮新潮的人们，有些女人穿的衣服真的不算抢眼，但是你却总能感觉那件衣服似乎就是为她量身定做的，穿在她的身上永远都是那么的和谐、漂亮。这就是会搭配的女人，她穿的衣服或许很普通，但是总能显现出高雅的气质，有的女人即使上下通身都是名牌，但是总感觉没有气质。

穿衣的搭配是用来更好地修饰身材的，无论一个女人有多大的年纪，讲究服装搭配都很有必要，对于女人来说，放弃美丽就是放弃人生，不讲究服装的搭配就不会有气质。所以，对于服装的搭配一定要记住一些技巧和方法。

如果你是一个身材略胖的女生，不妨选择穿上一条过膝的裤子，这样可以掩饰膝盖处的臃肿和有太多脂肪堆积的大粗腿，如果你想要选择一条束脚型运动裤，这个时候当然要搭配一双棉质的帆布鞋，上身可以搭配一件休闲的短款长袖 T 恤衫，这样会让人看上去很有活力。另外，穿一条棉质的铅笔裤，铅笔裤的长度最好能够盖住小腿最粗部位，否则其他长度的裤子很容易让人感觉铅笔裤穿起来很显胖。

如果你的上衣已经选择了一件宽大的衣服，那么下身坚决不能穿太肥的裤子或者敞开式的裙子，这样会让人看起来相当地邋遢，完全没有精神，部分身材好的女人穿起这身衣服就是自毁形象，当然如果你非要选择上身宽敞的衣服，那么就为自己选择一条紧身的七分裤吧，这样会显得很可爱。当然，对于女性的裙子和鞋子的搭配和裤子与鞋子的搭配也是很有讲究的。

女人穿着衣服的颜色搭配也很重要，礼仪上对于女孩子的穿衣也是有要求的，一般身上的颜色不要超过三种，女孩子如果不是那种身材特别完美的，最好不要选择穿那种多色的丝袜，或者断色的裤子，颜色的搭配不要太过艳丽，同时也不要太老土，更不要太突兀。服装的搭配可以造就一个有气质的美女，但是，如果搭配不好了也会毁掉一个女人的形象，那些走红地毯的中外女星们，有的时候，真的会因为衣服的搭配而备受同行们的嘲笑，颜面尽失，气质也瞬间削减了很多。

3. 做自己的"色彩顾问"，从色彩中穿出"美感"

· 智慧女人私房话

雪小禅说："我没有再尝试过穿金色，不适合自己的东西，尝试都是多余的，就像不适合自己的人，最好不要尝试走近，那样的尝试，带着明晃晃的危险……"

生活中，"色彩"这个词有着太丰富的内容。而随着现今人们对于色彩的追逐，有更多颜色的服装开始被女人挖掘出来。马克思说过："色彩的感觉是一般美感中最大众化的形式。"每个女人都有自己偏爱的颜色，而在通常的情况下，女人偏爱的颜色和自己的气质和肤色也是相协调的。但是有些女人喜欢的颜色却不一定就适合她，比如有些女人喜欢黑色，那么她通常就喜欢从头到脚都是黑色，将自己装扮得像一只黑乌鸦，但是却没有穿出美感，反而显得自己的脸色异常的差。

每个爱美的女性都有属于自己的色彩。人要想在短时间内建立耀眼的魅力，色彩是一个支点，是一条易走的捷径。唯一被色彩权威 CMB 总部邀请接受色彩顾问培训的中国人，深圳祺馨色彩顾问有限公司总经理刘纪辉女士曾这样说过："做色彩分析之前，我从来没有尝试过，甚至没有想到过粉色会适合我。逛商场时，有些颜色的衣服我是从来不会考虑的，但分析结果完全颠覆了过去我对色彩的认识。如果没有做过分析，我可能一辈子都在乱穿衣。我想，每个人都应该找到适合自己的颜色。"可见，能够找到适合自己的颜色对于女性来说是多么的重要。

甜甜是一个长相微胖，皮肤黝黑的女孩，虽然长相不错，但是总是给人一种看上去很别扭的感觉。甜甜平时喜欢穿运动系列的衣服，运动系列的服装最多的颜色就是黑色、白色和黄色。每一次看上去，甜甜的脸色都特别的黑，有的时候看上去还会有些发亮的感觉。

看到隔壁女孩刘文婷的打扮，每一次上街都会引来不少的目光，甜甜在心中暗自地羡慕她，有一次，甜甜终于忍不住找到了刘文婷，并向她询问穿衣打扮的诀窍。刘文婷笑着说："你穿衣的品位也不错的，运动系列显得人很朝气，不错的啊。"但是甜甜忍不住低下头说："但是为什么我穿上去看起来那么丑，是不是我不适合运动系列的衣服呢？"刘文婷笑着说："运动系列的衣服比较大众，任何人穿上应该都不丑，你之所以感觉自己穿上去别扭，主要是因为你没有选对颜色。一定要记着，黑皮肤的人是不适合穿黄色衣服的。"

听了刘文婷的话，甜甜恍然大悟，原来并不是自己衣服款式的问题，而是自己并没有选对适合自己的颜色。

在现实生活中，真正肤色白皙的女人是很少的，大部分的女人的肤色都趋向于黄色。肤色偏黄的女人看起来无精打采，缺乏女性特有的妩媚。这个时候不如选择用黑色、玫红色、艳粉色以及蓝色系的衣服来达到提亮肤色的效果。而对于与自己肤色同色系的黄色、橙红色、深咖啡色，或者是对比比较明显的紫红色、大红、大绿等色，则需要尽量避免，这些颜色会让你看上去非常的不健康。女人，为了自己的美丽，对于那些会扰乱自己肤色和魅力的颜色，一定要狠下心来"舍弃"。

在生活中，女人寻找适合自己的颜色时，一定不要为了方便、省事就选择一些和自身相近的色彩元素，这些颜色虽然对于你来说安全，但是也难免过于死板和平淡。穿衣服一定要穿出自己的个性来，要学会运用颜色来达到意想不到的穿衣效果。同时，在选择一些饰品的时候，同样要注意颜色的搭配。女人要建立自己的审美方向和色彩体系，而不是停留在五彩缤纷的色彩王国。如果你的衣服是黑色、米色或者白色，那么你可以选择颜色绚烂一些的色彩，这样可以避免色彩的冲撞。了解颜色的搭配，做自己的形象和色彩顾问，这样穿起衣服才能让自己更加有气质，给人印象深刻。

4. 装点女人的"饰界"，点缀闪亮的魅力人生

· 智慧女人私房话

张曼玉说："我做运动的时候，小的首饰会一直戴着不脱下来，连洗澡的时候也是。我喜欢铂金的首饰，是因为铂金不会氧化发黑，而且有种微微闪耀的光芒，不会抢我的风采。"

女士饰品不仅能展现女性独有的性感魅力，还能体现女性独特的个性时尚触觉。女士饰品都以精致为大前提，百搭款的女士饰品更是受到广大女性的喜爱。一款亮眼的女士饰品总是能够给女性带来不一样的魅力，饰品对于女性来说非常重要。在日常生活中，选择一款漂亮的衣服可以增添女性的魅力，但是，如果再配上一些精致的饰品的话，那么就可以让女性在人前大放异彩。饰品可以说是装点美女不可或缺的"道具"。有些时候，一件小小的饰品可以让女性拥有自信和气质，饰品是女人独有的权利，放弃饰品，也就放弃了做女人的乐趣。

女人巧妙地佩戴饰物，不仅仅可以起到装饰和点缀容貌的效果，还可以调整、平衡和突出服装的艺术特点。同时，饰品还可以起到和谐均衡的美化效果。饰品的种类是多种多样的，想要彰显出自身的魅力和高贵，就要选择一款适合自己的饰品。

好莱坞女星佩内洛普，其相貌平平，算不上是真正的美女，但是她却被称为是最时尚、最迷人的女星之一。她在红地毯上的穿着打扮是众多潮人追捧的对象。究其原因你就会发现，佩内洛普的穿着其实很普通，就是在于她会用各种精美的饰物"装饰"自己。

有时，仅一对闪亮的耳饰，就能彰显出她的高贵气质；一串珍珠项链就会使她颈项璀璨生辉；一个别样的发卡，也会使她大放光芒……可以说，她的"美女"气质是靠各种精美的饰物装饰出来的。

女人要想使自己的形象大放光彩，就要像佩内洛普那样，善于利用特殊的"道具"去装饰自己，注重在细微之处创造美丽。恰到好处的装饰会让你熠熠生辉，或则娇艳或则高贵，或则时尚或则个性。

一般选择饰品，一定要根据自身的条件来选择，饰品主要分为三类：

① 首饰

其价值主要体现在原材料的珍贵上，它泛指耳坠、项链、手镯、戒指、发卡、头簪等小型饰品。另外，装饰性的眼镜、手表、胸花、发带之类也被归入首饰系列里。

② 衣饰

它的价值主要体现在色彩、图案和质料或造型上。一般指项巾、领带、腰带、头巾、披肩、纽扣等。

③ 携带物

它在日常生活中起着不能忽视的装饰作用，比如挎包、提包、雨伞、扇子之类。

不同类的饰物诠释的美是不同的，所以，女人们在选择搭配的时候，都要根据自身的气质、服装以及场合进行搭配。

著名艺人林志玲说："很多艺人会花大量的金钱和精力在选购服装上，但我认为好的佩饰，往往就能够使一件平淡无奇的服装绽放出亮眼的光芒。我选择的佩饰风格多变，大多是根据场合及造型的需要，精心搭配的。"也就是说，好的饰品能够体现出衣物的不凡。女人选择饰品一定要记住，"最好的并不是最适合你的，最适合你的才是最好的"。挑选配饰也一样，要考虑佩饰的点、线、面是否与你的肤色、体形相配。也就是说，选择饰品，首先要考虑自己的肤色。

一般情况下，黄皮肤的女性，适宜佩戴暖色调的珠宝首饰，可选用红色、橘黄色的宝石（如红宝石、石榴石、黄晶等），这样可衬托出黄皮肤人的秀丽和文雅。另外，还要考虑自己的体形。如果你是一个矮小而且瘦弱的女性，那么，你就不适合那种粗大或长长的挂件，而适合一些细小的项链；如果身材矮小且略微发胖的女性，最好不要用多余的饰品来装饰自己，只需一个简单的耳环、项链就可以了。如果你是身材高挑、气质又非常好的人，几乎可以佩戴任何饰品。

在比较隆重的社交场合，可以选择佩戴比较高档的饰品，而一些廉价的饰品一般在生活中佩戴。但是，如果你搭配巧妙，也可以用高档的配饰搭配普通的衣服，可以提高服装的品质；也可以将高品质的服装与低价格的配饰搭配，可以提高配饰的品质。只要你搭配巧妙，便可以散发出与众不同的美丽光芒来！值得注意的是，饰物重在修饰点缀，避免喧宾夺主和堆砌。装饰不等于奢侈攀比，女人们切不可学马蒂尔德夫人，为了一条美丽的项链而赔上了半生的幸福。在选择饰品的时候，应主要着眼于款式和色泽，不必一定要求原材料的贵重。

总之，美女的打造不需要化很浓的妆容，很精致的发型，只需根据自己的气质选择适合自己的服装，腰链、皮包、手机挂链、发饰胸针等，一点的小改变就可能成为一道美丽的点睛之笔，就可以很好地衬托出完美而优雅的气质。

5. 性感的女人是优雅的

· 智慧女人私房话

中国首席名模姜培琳说："性感不是外观化、表面化的东西，更不是夏天暴露一点就性感了。在我看来，性感往往是通过一些不经意的动作或表情透露出来的，性感的女人应该是优雅的、随意的和干净的。"

女性的美貌和优美的体态固然令男人倾倒，但是性感却是撩动情欲的感觉，是一种使人销魂落魄的魅力。爱尔兰作家詹·斯蒂芬斯说："秘密是武器，也是朋友，人是上帝的秘密，力量是男人的秘密，性感是女人的秘密。"性感的女人是非常具有吸引力的，但是性感并不意味着裸露，性感的意义在于想要看到却朦胧的状态，就像"千呼万唤始出来，犹抱琵琶半遮面"。看到了半露的情景，剩下的靠自己想象，也许断臂的维纳斯之所以珍贵，源于她的断臂惹人无限联想吧。总之，性感既有若隐若现的浪漫风格，也有大胆裸露的自然健康的风格。

不少女人认为性感就是要有魔鬼般的傲人身材，而且露的尺度越大就越性感。就像朱德庸《涩女郎》中的那句经典语句一样："女人只有把自己蜷成 S 形，男人才会呈直线形地向你奔过来。"不可否认，姣好的身材是女人展现性感的主要方式，但不是全部，更不是身上穿的衣服越少就越好。性感应该是一个人做肢体和情绪的表达时所散发出来的魅力，任何一个女人都可以把自己变得很性感，张扬自己的气场。

暮雪是一个身材非常棒的女孩，她身穿紧身亮片黑色连衣裙，脚穿黑色皮革、布满亮片的靴子，由于过于丰满的胸部和翘臀，让她走到哪里都能成为众人的焦点。但是暮雪却没有想到自己也因为自己的穿着过于性感，而导致自己找不到工作。公司的女老板很坦然地告诉暮雪："你太性感，倘若你在我的公司里面出现，那群男人会没有心情认真工作的。"而暮雪年仅 15 岁的妹妹看到姐姐的穿着很能引起人们的注意，竟然自己也效仿起姐姐的暴露穿着。但是却引来了周围商铺里老板的嫌弃。小女孩穿着暴露，过于早熟，穿那些不适合自己年龄的衣服显得极其惹人厌，还被视为"不正经"。

其实女人的性感就像一把双刃剑，用到妙处才能带来美妙的感觉。对于职场中的女性，展现自己性感的吸引力就是一个大的禁忌。但是对于情场中的女性来说，适当的性感着装可以营造浪漫的气氛。事实上，一个女人的身材、外貌、衣着、声音、气质、举止、性情、文化、修养、品位等都是构成性感的条件，而最高层次的性感，就是在此基础上从女人骨子里随意散发出来的那种"撩人于无形"的姿态，进而展现出无与伦比的气场。

所以说，性感是完全可以靠后天修炼得来的。要想令男人有无穷无尽的遐想和向往，成为情场上的气场女王，你就把自己打造成一个风情万种的女人，将自己的性感发挥到极致，呈现出强烈吸引别人的个人魅力。苏岑说："一个女人被夸赞漂亮是寻常，一个女人被夸赞性感是荣誉。漂亮女人总是敌不过性感女人。"拥有性感是女人最大的魅力之一，性感的女人通常让男人难以自拔。方文山有一句诗："美丽可以杀人。性感也是一种武器，我觉得性感是对女人最大的褒奖。性感像陈年美酒，越酿越香。我就觉得张曼玉很性感，刘嘉玲很性感，王菲很性感，这些女人美到我梦想成为的样子。"可见，性感对于女人来说，简直就是一招"撒手锏"。

6. 女人的审美能力，是"逛"出来的

· 智慧女人私房话

女人的品位，是时间打不败的美丽。作家黄明坚有一句话，女人是一种指标，如果女人都散发出品位，社会自然成为泱泱大国。

逛商场对于很多女性来说都是一种天生的嗜好，同时也是一种无比享受的乐趣。很多男人都不明白，为什么有些女人逛商场一逛就是几个小时，却什么都没有买，但是还逛得那么有兴致。其实，女性逛商场的最直接目的并不是为了购物，而是为了了解当下流行的时尚元素，了解当下人们的审美能力。其实逛商场不仅仅能够提高女性的审美能力，还能够让女人对时尚元素刺激自己，对时尚永葆兴奋。你可以想象，一逛就是几个小时，不仅仅等同于锻炼了身体，同时还提升了品位又保持了身材，真是"一逛多得"啊。

有的时候，女人的服饰都表达了一种魅力的语言，而这种魅力的语言的组织则来源于商场。有人说："衣服和丈夫一样，适合自己的才

是最好的。"也许女人的衣柜里有很多漂亮的衣服，但是适合自己的却少之又少。女人们往往更加在意衣服漂亮的外表，而忽视了衣服的实质。所以，很多女人的衣柜里永远都少一件适合自己的衣服。女人寻找适合自己的衣服，首先就要提升自己的品位。

提升品位的方法有很多，有的女人是通过时尚杂志，多数的女人是通过逛商场得来的。而这一方法却也是最直接的方法。其实品位是一种个人审美能力的表现，审美能力往往决定着女人对于衣服的选择，当看到那些花着同样的价钱，却穿出不同风格的服饰的时候，这就是审美能力在左右着女人的选择。张爱玲曾说："一个不讲究韵致和风格的女人，绝对不会是一个好妻子。"所以，女人一定要有自己的风格。

李月红是一个很喜欢逛街的女孩子，平时自己闲来无事，一逛就是一天。对于这种逛街狂，她的朋友王佳佳非常地不理解。尤其是李月红面对那种价格惊人的服装店，也敢于迈进去，并且每一个款式的衣服都看得十分仔细，好像自己要买下来一样。

有的时候王佳佳陪李月红逛街，一逛就是一下午，累得腰都直不起来。但是李月红却兴致勃勃地和王佳佳分享自己的所见所感。王佳佳忍不住地问李月红："月红，有些衣服咱们根本就买不起，而且逛了一天，你确实也没有买什么，你觉得逛街有意思吗？"李月红听到王佳佳的疑问，忽然自顾自地笑了起来。

"佳佳，这你就不知道了吧，我逛街是为了提升我的个人品位，并不是为了买到衣服。"听到她的说法，王佳佳显得异常地疑惑，于是问她："逛商场也能提升品位吗？"面对她的疑问，李月红很高兴地笑着反问："那你说说，现在最流行的服饰是什么？"王佳佳想了想说："还能有什么啊，不就是宝石蓝裙子吗？"李月红笑得更加夸张了，她回复王佳佳说："你说的都是什么时候的事情啦，现在流行的是剑布衣、阔脚裤。"

从那以后，王佳佳总是能够发现，李月红每一次穿的衣服都能在学校引起小轰动，而且过段时间学校里和她穿相近的衣服的人也越来越多。后来李月红开玩笑地问王佳佳："佳佳，明天周末，要不要逛商场啊？"王佳佳急忙回答："要，当然要逛了，多逛几次商场就知道什么最流行，逛逛商场不仅可以减肥，还可以提升个人的品位哦！"两个人开心地笑了起来。

女人们眼高手低不要紧，最怕的就是手低眼低。女人们热衷于购买服饰，通常都会对服饰的款式、颜色、质地等都要进行一番比较，这个比较的过程中就能够体现出女人的品位。比较不必说，有句话说："不怕不识货，就怕货比货。"再好的衣服也禁不住比较。正确选购衣服的方法不是比较，而是选择一件对的服饰，适合自己的服饰。"只选对的，不选贵的"是现代女性消费心理成熟的一个标志。

古罗马哲学家普罗丁说过："眼睛如果还没有变得像太阳，他就看不见太阳；心灵也是如此，本身如果不美，也就看不见美。"所以，女人的审美能力是练出来的、是逛出来的，没有哪个女人天生就对品位有着透彻的理解，如果女人仅仅把自己绑在家里面，不仅仅不会提升品位，还会长出小肚腩，让自己的腰越来越肥，让自己的腿越来越粗。

7. 穿上高跟鞋，让你"步步生莲"

· 智慧女人私房话

马诺洛说："女人就应该穿上高跟鞋，一双真正的高跟鞋，要能在舒适、品质和款式之间找到平衡点，进而从背影能看出腿部曲线的性感优美，女人就能变女神！"

每一个女人对鞋子都有一种特殊的情结，尤其是高跟鞋。因为一双精致漂亮的高跟鞋垫起的不只是女人的身高，更多的是女人优雅、独特的气质。对于一个精致的女人来说，除了必要的饰品和手提包，也应该有一双属于自己的高跟鞋。高跟鞋的妙处在于它会令你走起路来摇曳生姿，身材灵动、婀娜，让你看上去更加性感和气质。当女人穿上高跟鞋的时候，步幅会自动减小，因为重心后移，腿部就相应挺直，并造成臀部收缩、胸部前挺，袅娜的韵致应运而生。长期穿着高跟鞋，女人的小腿会逐渐变细，大腿的脂肪在长期的紧张中会转变成富有弹性的肌肉，至于腰肢，则向着性感的方向发展。

著名设计师汤姆·福特有句名言："不穿高跟鞋的女人何言性感?"而麦当娜更扬言道："给我一双高跟鞋，我就能征服全世界。"可见高跟鞋对于女性的重要性。高跟鞋可以使女人的美丽经历本质的转换，穿高跟鞋对女人的重要性绝不亚于在脸上抹脂粉。《欲望都市》中万人迷萨曼莎说："懂生活的纯女人天生就爱高跟鞋！大家闺秀、小家碧玉、淑女名媛、无不簇拥着高跟鞋。鞋跟与地板相触的清脆声响增加了她们的诱惑力。她们的小腿更加笔直，胸部更加前挺，步步生莲的仪态绝对是街头最迷人的风景。"

白玲玲是一个公认的美女，皮肤白皙，性格也不错。但是这样的美女却总是让人感觉她缺少了点什么。虽然，她每次出门都会把自己打扮得像个仙女，但是你看到她的时候，她总是一副含着胸、弓着背走路的姿势，让人觉得实在对不起她那张精妙的脸。

白玲玲已经大学毕业两年多了，但是却一直没有交上男朋友，而且最令人想象不到的是她的追求者一直都很少。单位上长相不如她的女孩王筝都有很多人追求，王筝只要稍微打扮一下，再顺便穿上她的高跟鞋，立马就变成了一个身材高挑、性感的女孩。王筝平时在单位，总有一种白玲玲无法超越的优越感。

　　白玲玲实在难以忍受这样"不公平"的现实，于是她找到了自己的闺密李爽做自己的形象设计师。在听完白玲玲的诉说后，李爽笑着说："王筝再怎么打扮也不会比你漂亮的，只不过她胜在了高跟鞋。"于是她拿出自己的高跟鞋出来，并让白玲玲穿上照镜子走几步。白玲玲疑惑地穿上高跟鞋，并问道："可是穿高跟鞋能起多大的作用呢？"李爽说："高跟鞋能促使女性挺胸提臀，显得双腿修长，身材曼妙。"说完这句话的时候，白玲玲已经将高跟鞋套在了自己的脚上。

　　白玲玲半信半疑地对着镜子走了起来，她看到镜子中的自己高挑的身材，修长的大腿，有种奇怪的自傲感油然而生。镜子中的白玲玲也拥有了王筝那种说不出来的气质，而且更加地有了女人味。

　　英国时尚的代言人维多利亚·贝克汉姆，她的"万人迷"的称号很大一部分都来自于她对高跟鞋的钟爱，无论走到哪儿，她都会穿上一双漂亮的高跟鞋，这也是她能够成为人群中焦点的主要原因。一个女人，即使没有模特一般的高挑身材，没有女明星们的迷人气质，但只要选择一双彰显自己个人气质的高跟鞋，就能散发出独特的女性气场，女人味也会被提升到极致，自信与风韵也不言自明。

　　在电影《重庆森林》中，金城武用领带为林青霞擦鞋，而且边擦边说："一个漂亮女人的鞋，不可以这样风尘仆仆。"高跟鞋是女人修炼气质必不可少的工具，同时高跟鞋也将美丽送给了女人，而女人将这种美回馈给了全世界。高跟鞋于女人的脚上，不仅仅是一种时尚，同时也代表了一种完美的隐喻。"高跟鞋皇帝"莫罗·伯拉尼克说："穿上高跟鞋，你就变了。""女人就应该穿上高跟鞋，而一双真正的高跟鞋，要能在舒适、品质和款式之间找到平衡点。"女人穿上高跟鞋，走出自己的独特魅力，穿出自己的品位和性感，高跟鞋是女人不可或缺的美丽武器。

第 9 章
"妆"点面上功夫，绽放迷人风姿

　　化妆是上天赋予女人改变自己面貌的魔法，化妆能够让女人看上去更加有气质和美丽。俗话说："世上没有丑女人，只有懒女人。"女人不应该因为懒惰而轻视化妆，精心打扮自己是你的权利，化妆能够让你更具"女人味"。婚姻并不是化妆的分水岭，恰好却是婚姻中润滑爱情的药剂。当然，化妆没有年龄的限制，却有严格的要求。从现在开始学习化妆，改变不够完美的面貌，要知道不会化妆的女人没有未来。

1. 别做婚前"一枝花"，婚后"豆腐渣"的女人

· 智慧女人私房话

　　婚姻不应该是女人停止美丽的理由，装扮自己，不仅仅可以给身边的人带来赏心悦目，同时也是向岁月不屈服的抗争。那些婚后遭到抛弃的女人从不反思，是什么让自己在男人眼里变得不再有吸引力。

　　为什么"男人四十一枝花，女人四十豆腐渣"呢？男人在 40 岁的时候，逐渐变得成熟，最有男人味，浑身上下散发着成熟男人的魅力，这个阶段是其他阶段的男人不能比的。而女人一旦迈进了 40 岁的大关，身体和肌肤都发生着巨大的变化，逐渐变成"黄脸婆"。为什么赵雅芝、刘晓庆这样的女人年近花甲看起来还那么风韵犹存，注重保养和打扮是她们延缓自己青春美丽的秘诀。

　　很多女人在婚前还打扮自己，化妆、穿衣都颇有讲究，一旦结了婚，逐渐地就失去了当初的魅力。很多女人结了婚就已经不再打扮了，多数女人认为孩子、家庭事情的操劳已经让自己没有时间打扮自己了，即使打扮了也无人欣赏。其实，美丽并不一定非要给谁看，你的丈夫并不是你唯一的欣赏者。女人结了婚，还是要适当地装扮自己的，因为美丽不仅是别人眼中的一道风景，更是自己心灵的航灯。不要因为已经结了婚，就任由自己邋遢，时间久了，你自己都会讨厌自己，还指望你的丈夫会多看你一眼吗？当然，装扮也要适度，女人不需要太过华丽的装扮，简单地打理一下自己很有必要。

　　徐嘉忆是一个漂亮的女孩，再加上平时喜欢化妆，让她精致的面

110

容更加姣好动人。结婚以后她开始放弃了打扮自己，专心做家庭主妇。每天做饭、洗衣服、上街买菜，还要带孩子。虽然刚刚结婚两年，但是徐嘉忆看上去似乎比结婚前老了很多。平时丈夫有什么特别的出席活动，一直都找秘书代替，美丽的徐嘉忆被年轻的秘书所取代。

一天，徐嘉忆上街买菜，在水果摊那里看到了自己的老同学郑帆，见到她第一眼，徐嘉忆简直不敢相信自己的眼睛，当年那个"丑小鸭"如今已经成为了落落大方的"白天鹅"。郑帆右手挎着她丈夫的胳膊，笑呵呵地在水果摊面前挑着苹果。看到徐嘉忆，郑帆马上迎面上去大方地打招呼说："嘉忆，真的是你吗？好久不见了啊！"然后便和丈夫介绍说："老公，这可是我们班上的大美女，学校的校花哦。"丈夫笑着看看徐嘉忆，勉强点点头。

徐嘉忆很不好意思地低下头。郑帆连忙问道："嘉忆，你看上去很没有精神的样子，身体不舒服吗？"徐嘉忆没有说话，尴尬地摇摇头，然后摆手示意再见，跑回了家。看着镜子中的自己，徐嘉忆默默地流泪了，自己真的是结了婚就没有人看了吗？当然不是，黄脸婆都是自己造成的，如果自己也保持打扮和化妆，现在也不会变成这个样子。

也许很多女人并不懂得为什么结了婚还要继续打扮自己，那么看了上面的故事，你是不是也深有感触呢？打扮并不是为了给自己的男人看的，更是一种生活的态度。结婚并不是生活的最终归宿，而是人生另一个阶段的开始。梁晓声说："女人要活得有理智，用二分之的心思去爱一个自己值得爱的男人，用三分之一的心思去爱世界和生活本身，用三分之一的心思去爱自己。"也许上帝没有给你漂亮的脸蛋，魔鬼般的身材，但是上帝他也没有给你任意糟蹋自己的权利，女人要学会掌管好自己的"门面功夫"，尤其是自己的那张脸。

女人千万不要婚前打扮得花枝招展，婚后邋邋遢遢得形象全无，惨不忍睹。一个完美的女人是"妆"出来的，一个简易的妆容不但可以改变你的外观年龄，还能起到焕发青春的作用。女人只有学会如何打扮自己，才能为自己带来好运。化妆不单单是给别人看的，化妆能让自己也拥有一份好心情。

2. 告别"黄脸婆"，做回"白瓷娃娃"

· 智慧女人私房话

　　化妆师植村秀先生说："每一张脸都是一块充满生命力的画布，只有拥有完美的肤质，才能让艺术家在这张称之为肌肤的画布上创作出美丽的作品。"

　　在这个世界上，没有女人愿意成为"黄脸婆"，尤其是迈进了40岁大关的女人，无时无刻不想要摆脱这个称号的困扰。其实，只要找对了方法，告别"黄脸婆"并不是什么困难的事情。只有对症下药，才能治好病。所以，作为女人，为什么会随着年龄的增长，变成"黄脸婆"，你应该有所了解。

　　关于女人的"黄脸"形象，有一套最科学的分析和办法：

　　①皮肤衰老如何挽救？

　　作为一个"衰老型黄脸婆"，你主要的问题在于肌肤表面老化细胞的沉积，去掉这些老化的细胞，肌肤才能净白、通透。

　　根据李时珍所著的《本草纲目》中记载："珍珠涂面可令人润泽好颜色，除面（斑）。"想要"去黄"的女性可以选择含有特殊工艺的海洋珍珠成分的化妆品，或者多吃一些猪蹄、软骨等含有胶原蛋白丰富的食物来补充自己的胶原蛋白，特别要注意防晒，避免胶原蛋白的流失。

②天生肌肤暗黄的怎么办？

其实，天生的"黄脸婆"多数都是脾脏不太好的人群，这类的女性倘若想要令自己的肌肤红润有光泽，必须长期内调，做好补血养气的工作，这样才能让自己摆脱"黄脸婆"的称号。红枣、阿胶、红豆等都是补血的佳品。另外，山药、土豆这些常见的食物有很好的补气作用。一定要记住，除了补血补气以外，睡眠也是至关重要的，高质量的睡眠才是令肌肤富有光泽的最好武器。

③通宵达旦地熬夜形成"黄脸婆"

长期熬夜直接影响着肌肤的休眠，而且还会导致肠胃功能的紊乱。人体的肝脏在夜晚 11 点就开始进行排毒工作了，经常熬夜的女人，睡眠质量不能得到保证的同时，还会导致毒素堆积，长久积累，肌肤就会慢慢地失去光泽。解决的方法很简单，保证你的睡眠，最好能够在晚上 10 点左右就开始入睡，睡前一杯牛奶能够更好地帮你进入睡眠。

④压力过大导致脸色变得"暗黄"

女性如果在生活、工作、情感方面的压力得不到释放和排解，那么长时间的心理紧张和压力，会直接影响副肾皮质荷尔蒙。副肾皮质荷尔蒙具有加强全身抵抗力，对抗心理压力的作用。一旦长时期得不到释放，它的分泌机能便会衰退，肌肤就会相应地失去抵抗力，容易产生雀斑、青春痘，还有皮肤暗黄。

⑤吸烟、酗酒导致的"黄脸婆"

很多现代女性在高压之下，都会选择借酒浇愁，靠吸烟来缓解压力。但是却不知道吸烟酗酒会直接导致血液和淋巴循环不畅，毒素无法正常排出而令肌肤发暗发黄。想要"脱黄"最有效的方法就是戒烟戒酒，通过其他健康的方式来缓解压力。你可以唱歌、跳舞，或者你也可以运动，这样不仅可以缓解压力，还能出汗排毒，一举两得。

⑥紫外线辐射

日晒对于皮肤的危害，几乎所有的女性都知道。抵挡紫外线，减少黑色素的形成。在出门的时候，可以选择擦含有 SPF 配方的润肤液，当然，有的时候防晒用品会让你感觉不舒服，你最好是减少出门的次数，这样就可以抵挡大部分的紫外线了。

脱黄小妙招：

①最快的办法就是化妆。可以选择一些能够提亮肤色的粉底来进行修饰，然后借助于自然腮红来打造出红润的气色感。

②多食用一些具有美白效果的饮料，比如柠檬汁、甘蔗汁、蜂蜜、牛奶等，这些都能够达到亮白的效果。

③必须保持运动、多喝水，及时排毒才是阻止肌肤暗淡的最有效方法。

④化妆以外，护肤才是首选。均匀肤色、提高皮肤亮度的护肤品是最好的选择。

3. "面子"重要，别忘记给颈部也"分一杯羹"

· 智慧女人私房话

一位影楼的化妆师说："一个 40 岁的女人来拍照，如果光拍她的面部，我随手就可以做到让她在照片中呈现出 20 岁的状态；但是，如果镜头扩及她的颈部，我往往只能束手无策，因为她颈部的皱纹难以掩饰，而这正是反映人真实年龄的敏感区。"

脸、手和颈部的保养对于女性来说同等重要，就算脸部再怎么精致，皱纹横生的颈部也会暴露你的年龄。很多女人都没有意识到，颈部比面部更容易变老，那些有经验的人在判断女人的年龄的时候，也往往是从颈部开始的。因此，女人对颈部的护理必须重视起来。很多女人对"脖子最容易泄露你的年龄"这句话心存疑惑，其实这是一个不争的事实。其实肌肤的老化不是从脸部开始的，而是从被我们经常忽略的颈部开始的。颈部的皮肤相对于脸部的肌肤要薄很多，皮下的脂肪少，最容易出现皱纹和下垂的现象。

想要护理自己的颈部，女人首先必须要确切地了解自己的颈部。可以这样说，颈部是支撑头部重量的大功臣，它肩负着头部上下左右的转动，负担可谓很大。在皮肤上面由于肌肉较薄，所以极其容易产生横向皱纹。同时生活中还有一些其他的因素也会导致它皱纹频发的状况：

①受紫外线影响，除了平常的日晒，电脑辐射也是祸首之一。

②重复抬头与低头，很多人习惯性地抬头和低头，颈部表皮很容易因挤压而出现痕迹，时间长了，皮层较薄的颈部就会出现皱纹。

③颈部缺水很容易产生皱纹，颈部前面的皮肤的皮脂腺和汗腺的数量只有面部的三分之一，与面部皮肤相比，颈部组织结构较为薄弱，油脂分泌较少，难以保持水分，容易干燥。

④另外就是季节和天气的影响，秋冬季节，气候干燥，风沙较大，这些都非常容易导致颈部因干燥而产生皱纹。

那么在日常生活中，哪一类人是比较容易在颈部产生皱纹的人呢？

①忽胖忽瘦的人

女人要注意，经常减肥或者忽胖忽瘦都容易导致颈部出现皱纹，因为总是在胖瘦之间徘徊的人，肌肤容易没有弹性，这样的肌肤更加容易显老。

②较瘦、皮肤较薄的人

通常较瘦的女人，肌肤容易显老。皮肤较薄的人，容易干燥、松弛，更加应该注重颈部的保养。

③颈部肌肤缺水的人

颈部肌肤经常暴露于户外空气中，肌肤容易干燥，产生松弛、暗沉等现象，这也是颈部皱纹产生的根源。当紫外线让你的肌肤流失大量的胶原蛋白后，锁住水分的肌肤弹力网就会出现缝隙。在干燥的冬季，肌肤水分更容易蒸发、流失，让你感到自己的颈部皱纹增多，皮肤变干，甚至粗糙、暗沉，瞬间出现老化症状。

如何护理颈部呢？为了让颈部的美丽不输给脸蛋，保养时可以使用颈部专用的保养品，或在每天沐浴后，用身体乳来帮忙锁住颈部的水分，特别是在干燥的冬天，一定不能忽略。而且颈部的护理需要养成一个好习惯，在保养完脸部的时候，可以使用化妆水或者保养品在颈部上也"分一杯羹"。

颈部的日常护理须知：

①为了防止紫外线及颈部的皮肤干燥，最好能够在颈部多一层防护。比如在进入冬季以后，外出时不妨戴上一条质地舒适的围巾，这样不仅仅能够保暖，同时也相当于给颈部添加了一层"保护膜"。

②高领毛衣是不错的选择，当然如果能够在毛衣领的内侧套上一件贴身的棉质高领内衣，避免颈部肌肤与毛织品发生摩擦。

③后颈是经常被女士忽视的部位，尤其是在涂抹防晒产品时，最容易被遗忘，而梳短发或者扎着马尾辫时，后颈直接暴露于外面，长此以往，形成前颈白，后颈黑的不协调现象，再漂亮的女人也会大打折扣。

④阳光与紫外线是造成颈纹真正的"元凶"，所以，即便是在冬季也不能疏于防范，要养成在颈部涂抹防晒及隔离产品的好习惯。

韩国健康专家朴志远发明的颈部按摩法，只要每天做一次，一周后就能轻松地为脖子减龄：

梳头：双手于前额发际开始，至项后发际止，分左、中、右三路梳头，重复 4 次。

提耳：双手拇、食二指指腹挤按耳轮中下 1/3 交界处及耳垂，各挤按 3 分钟。

肩胛牵拉：将左手掌置于右肩，右手置于头顶，右手用力将头向右前下方拉，至有拉扯感为止。停留 15 秒，再放松，重复 5 次。

摩面：两手中指贴近鼻梁旁并轻按鼻翼两侧，向上做擦脸动作，至额前，沿耳旁按摩至颌下，并轻轻按压耳垂周围，还原至鼻旁面颊。重复上述动作，共 12 次。

搓颈：以手掌沿颈后发际至脊骨中上 1/3 处，自上而下揉搓颈后部肌肉，反复 12 次，两手交错各揉搓一遍。

"面子"重要，颈部也绝对不能忽视。脖子是最容易出卖你年龄的部位，保护好自己的颈部皮肤至关重要。参考以上颈部容易出现皱纹和诱发的原因以及具体解决的办法，自行修炼，早日成为一个真正的完美女人。

4. 女人要做"千面女人"，而不是"铅面女人"

· 智慧女人私房话

法国香奈儿品牌创始人可可·香奈儿说："我无法理解，一个女人怎么能够不稍微打扮一下就出门，哪怕是出于礼貌。而且谁也说不准，也许那天就是她遇到命中注定的缘分的日子。为了命中注定的缘分，最好是能多漂亮就多漂亮。"

女人要做"千面女人"，而不是"铅面女人"。什么是"铅面女人"？你可以理解为"洗尽铅华"，没有任何装饰的女人；也可以理解为被含"铅"的化妆品覆盖的女人。前者，直接裸露自己的肌肤，从不化妆，什么时候看到她都是那副无精打采的样子；后者，就是那种胭脂粉重的女人，经常将自己的脸涂得花花绿绿的，完全没有一点优雅的样子。其实，化妆不一定要浓妆艳抹，淡雅的妆容也是一种不错的选择。它可以让女人摘下厚重的面具，凸显非凡的气质，显现出一种透亮轻薄的感觉。

在化妆的手法中，裸妆可谓是最好的一个表现。既能够让肌肤得到很好的呼吸，又能够遮住暗淡的肌肤，使得肤色能够亮丽。如果一个女人在不了解什么妆容适合自己的时候，裸妆无疑是你最佳的选择。裸妆可不是不化妆，而是更高超的一种化妆手法。女人们可以参照以下的一些技巧和方法进行试验，同时还有一些需要注意的事项：

①妆前乳

工具：粉底刷、海绵

注意：你的底妆绝对不可以太厚，裸妆画得好坏的关键在于是否透薄。

方法：首先一定要使用保湿妆前乳滋润肌肤，让肌肤的纹理更为细致润滑，选择带有提亮肤色功能的妆前乳为最佳，不仅仅可以遮住那些暗沉的肌肤，同时还能够使肤色亮丽。化妆的时候选用粉底刷或者将妆前乳、粉底液在海绵上涂抹，这样可以处理得更加均匀。人的手指中，数无名指力道最小，所以化妆中多采用无名指，无名指也叫"化妆指"。在眼睛的周围、脸颊、鼻梁、下巴等各个部位，用手指（无名指）的指肚轻轻地将妆前乳或者粉底匀开至整张脸。

②BB霜和眼霜

工具：粉底刷、海绵、遮瑕笔

注意：BB霜要选择水润的。

方法：由于熬夜或者工作其他原因，女人的眼角周围都会有黑眼圈出现，或者有的女性还出现了脂肪粒，这个时候，需要用遮瑕笔在眼睛的周围做掩盖工作。选择 BB 霜的原因是其遮盖力比较强。遮瑕笔用完之后，为了让眼部周围看上去更加的自然，可以选择用粉底刷或者手慢慢地将不均匀或者不自然的地方推开。

时尚女性建议：一般女性都是采用橘色的遮瑕膏来遮盖黑眼圈，而把蜜粉刷在脸上，对于黑眼圈比较重的女人，建议遮盖黑眼圈的遮瑕膏要调和一下肌肤和黑眼圈的色差，否则得不偿失。

③眉毛

工具：棕色或者黑色的眉笔各一支、剪刀、修眉刀、眉刷

注意：裸妆因为眼妆不突出，所以，眉毛可描画得浓一点。

方法：首先，画眉的时候先用剪刀修整一下较长的眉毛，然后使用修眉刀把多余的杂毛修掉，接着用眉笔将眉头描绘出来，这样会让妆容看起来干净清爽。要确定眉形的时候，从眉毛的 3/1 的地方或者是眉毛弯曲的地方开始画起，这样慢慢向前推，这样画出的眉形会很自然。定型之后，用眉刷将眉形均匀地刷匀，这样会让眉毛看起来自然完美。

企业生存管理专家郑伟建博士说："眉毛，最能显示女人的性格。"每个人的眉毛都有所不同，有的人眉毛浓密，有的人则是稀疏，画眉要根据具体的情况具体分析。

④眼睛

工具：假睫毛、眼线笔、眼线液、眼影、睫毛膏、睫毛夹、眼影刷、眼线膏

注意：下眼线也很重要，没有画下眼线会让女人看起来很不协调。

方法：在画眼线的时候，先用黑色的眼线笔从眼头开始画，画上眼线的时候尽量往里画，眼尾只要自然向上拉长一点就可以。在描绘下眼线后最好用眼影刷推开将眼线边缘自然地微微晕开，形成渐进，

会让人看起来更舒服。但不要晕染太多，不然眼部印象会减弱。将睫毛夹贴紧睫毛根部，擦上胶水固定在睫毛根部上。由根部往睫毛末梢一节一节往上夹，会让睫毛曲线变得更好看，睫毛延伸且侧面弧线极佳。眼尾睫毛可用特制睫毛夹再夹翘一点，能让眼型延伸，放大眼型且深邃。下睫毛同样的方法。

女人值得注意和提醒：一般眼线膏比眼线笔的效果更明显，颜色也更富有光泽，亮着搭配使用，可以让眼妆更显妆容的精致。

⑤嘴巴

工具：唇彩、唇蜜、唇部遮瑕膏、口红

注意：涂抹唇蜜要适量，过多涂抹会让双唇显得厚重。

方法：裸色系的唇蜜会更显气质，所以先用唇部遮瑕膏将双唇饰色，再将唇蜜涂抹双唇的中心，并轻轻晕开，如果想要让自己的唇色看起来更具亲切感，可以一气呵成地由一侧涂抹到另一侧，不管涂抹的效果如何，一定不要重新涂抹没有涂到的地方。当然你也可以用米色的口红将嘴唇打完底后，再涂上浅粉色的唇彩，这样也会更显干净的气质。

另外，可以适当地使用腮红，因为裸妆不需要有多么明显的腮红，所以在遮住局部的瑕疵或者在修容的时候打亮双颊即可。腮红一定要选择自然的颜色，轻轻由笑肌的位置往外刷，带有提亮效果的腮红可以突出面部的轮廓，但是打得太多则会失去裸妆的自然感觉。

5. 时尚"美眉"，助你"面子"锦上添花

· **智慧女人私房话**

眉毛对一个人的五官容貌和表情达意影响很大。一对漂亮的眉毛，能够使人看上去焕然一新、神采奕奕。

很多女人并不是很在意自己的眉毛，因为眉毛在女人的妆容里面并不是十分的丰富，而且可以选择的色彩并不是很多。但是眉毛的画法却是整个妆容中的点睛之笔。俗话说"睫毛是女人的武器"，那么"眉毛就是女人的命脉"。眉毛的画法受到了很多时尚女士的推崇，因为眉毛不同的形状决定给人传递的印象。比如，平直的眉型给人以干练、知性的印象；眉峰上挑的眉型给人一种妩媚的印象。

眉毛从古至今都有着它独特的历史地位，在唐代，眉毛的高低被誉为是身份的象征，身份越高贵的女人，眉毛会画得越高，画在额头上的那种，被称为"天上眉"。当然，我们现在无从知晓这和俗语"眉高眼低"有没有关系。女人学好画眉不但能够让自己的妆容看起来更加有活力，还能够帮助你摆脱臭脸的阴霾。

首先，在学习画眉之前，你应该先了解眉毛和发型一样，受到脸形的制约。正确的眉型不仅能够打开你的眼睛，还能改善脸部的轮廓；恰到好处的眉弓让你看起来更加年轻、更加有活力、更加吸引人。首先，你可以根据一些建议，了解自己的脸形和五官，来选择一款适合自己的眉型：

①方脸

方脸的特点就是有棱角的脸和方下巴，那么适合的眉型就是要圆

润柔和。这是根据互补的原理，方脸适合的眉型不能太有棱角，眉弓部分要有圆润的美感。

②长脸

长脸的特点是额头高，下巴长。那么就比较适合加长的眉型。因为长脸会给人垂直和拉长的感觉，所以，横向拉长眉毛就会补救了下垂的视觉效果，最好把眉弓延长定位在外眼角上方，拖长眉尾，但是也要注意把握尺寸，因为太长的眉尾会加强眼睛的下垂感。

③心形脸

心形脸的特点就是上宽下窄，那么适合的眉型就是浓眉。因为心形脸的额头宽而下颚小，所以需要突出眉毛的存在。淡眉不适合心形脸，较为浓密并且整齐的眉毛能够加强上半张脸的结构感，平衡小下巴的不足，使整张脸大气起来。

④圆脸

圆脸的特点就是上下均匀的圆盘形，适合的眉型就是棱角分明。圆脸的优点就是看起来年轻，但是缺点就是缺乏焦点和个性，所以一个鲜明的眉峰可以给整个脸带来结构感，拱形较高的眉型很适合圆脸。

⑤椭圆脸

椭圆脸的特点就是宽额头，下颚线条流畅。所以只需一条均匀的眉毛作为点缀，不需要太鲜明的眉弓。

如何能够画出一条适用于所有脸型的眉毛，这里面讲究一些原则，那就是"画眉的黄金守则"：

眉头需要画在与鼻梁对齐的位置。找到眉头的位置，只需用眉笔垂直放在鼻梁两侧，延伸到眉毛的地方就是了。

眉弓应该从眉头到眉尾方向的三分之二处开始画，从中间就开始拱起的眉毛很不美观。

不要缩短或者拔掉自己的眉毛，眉尾至少应该在鼻子到眼角的斜线处结束。

眉毛的修饰就像女人服饰的搭配，对于女人而言意义是非常重大的。合适的眉毛会让你更加的优雅而有魅力，也会让你的妆容看起来更加的协调。

6. 女人要"美得自然"，绝不是"自然就是美"

不是所有的女人都适合暗黑的烟熏妆，也不是所有的女人都适合将自己的脸涂得花花绿绿的。"浓妆淡抹总相宜"，女人要美得自然，但绝不是"自然就是美"。很多女人通常在结婚以后就放弃继续化妆，也许你并没有察觉到，身边的男人看到你那张没有化妆的脸的惊恐表情。如何让女人美得自然，那么就是要根据自身的特征，来寻找一份属于自己、适合自己的化妆方法。什么是适合自己的？就是看上去舒服、简单、漂亮、大方的妆容。

化一个属于自己的妆容，首先要注意几个部分：

①遮瑕用品

要注意遮瑕用品最好选用那种摸起来光滑，避免油腻，干的或者很厚重的产品。遮瑕是化妆步骤中很重要的一部分，最好的化妆师同时也是遮瑕大师。遮瑕用品首先应该找到适合的颜色，好的颜色应该是黄色基调的，而不应该是白色的。如果要选一个适合自己的，你可以选择一个比你肤色深一到两个色的比较好。遮瑕用品避免选用绿色、蓝色或者粉色，因为这些只会让你的脸看起来或绿，或蓝，或粉。

粉底。有人说，光滑无瑕的肌肤就是美丽。粉底会让你的肌肤变得很光滑。如果你是一个没有用过粉底的人，最好从最清淡的色调，最自然感觉的产品入手。粉底的颜色如何选？在你的颊颈交界处涂一些粉底，然后在自然光线下看一看，如果看不到，说明很适合你。如果看到明显地有那么一条粉底，说明这个颜色不适合你。

粉底的使用可以用合成海绵，或者手指，千万不要用天然的海绵，因为它会吸收太多的粉底。涂抹顺序从额头到两颊向外涂匀。粉底可是你化妆箱里最关键的物件。在这个东西上，不要小气，最好去专柜。

粉。粉是化妆的必备品之一，正确的颜色能够让你的面容更加的光滑。正确的粉应该是用上之后，却看不到。对于固定女人的妆容，粉是不可缺少的。最好的粉应当是摸上去很丝滑，看上去比空气还轻盈的。专业的化妆师都知道，最有效的粉是浅淡的黄色。粉有散粉和粉饼两种，散粉是家中必备的，因为其蓬松，所以用刷子或者粉扑，它的遮盖力要比粉饼好很多，但是粉饼是比较易于携带的。

②腮红

腮红能够使一个女人变得更加美丽动人。腮红的颜色选择很简单，色调就是和你的脸红或者是运动后的两颊颜色相近的颜色。玫瑰色、粉色或者茶色都是不错的选择。最好能够让你的腮红和口红是一个色调。涂抹腮红的时候，最好不要用与腮红附带的刷子。因为它们都太小了，无法刷出均匀的颜色和漂亮的颜色来。最好是能够选择一把大的、专用的腮红刷。

刷腮红的方法是你用自然色先刷在你脸颊最丰满的地方，也就是你用力大笑时，鼓起的两块笑肌，然后再刷上一层比较明亮的腮红。

③眼睛部分的自然妆

对于亚洲的女性来说，眼影的颜色不要太深，那样会显得眼睛小。最好的选择是自然色，它会使你的眼睛更加漂亮。眼线很重要，所以不要画得太细。粗一点，略带点烟熏效果的眼线会使你的眼睛更漂亮。眼线的粗细选择，最好是在你睁开眼睛时仍能看到。画眼线的顺序最好从内眼到外眼角。眼线的颜色也很重要，如果你的眼睛是棕色的，那么深棕色和可可色都是不错的选择。

至于睫毛膏，黑色才是最佳的选择。另外，棕黑色也不错，棕色也还算自然。但是避免使用海军蓝、紫色或者红色。注意最好少涂下眼睫毛，这样容易使你显得疲倦，不精神。如果要卷睫毛，最好先卷后涂，避免折断眼睫毛。

7. 人人都是"外貌协会"的成员

> **· 智慧女人私房话**
>
> 苏菲·艾伦说："一个男人对着女人一张细致的脸说话，要比对着一张粗糙的脸有耐心得多。"

古语有云："爱美之心，人皆有之。"无论是男人，还是女人，对于外貌出众的人，总会投去欣赏的目光。也许并不一定是喜欢，只是为了"养眼"。不得不承认，外貌出众的人总能博取到更多人的目光。也许很多女人都会抱怨男人为什么都是"外貌协会"的人，实际上哪个女人敢说自己就喜欢看丑的男人，而无视美男呢？在这个社会上，人人都是"外貌协会"的成员，女人与其抱怨男人喜欢看美女，不如将自己打扮成面容姣好、精致美丽的美女。

女人，即便你是天生丽质也不要素面朝天，任何人都没有随意糟蹋自己的权利。一定要掌管好自己的"门面功夫"，尤其是自己的那张脸。现代社会中，人人都是外貌协会的成员，一张长相纯美的脸总是能够引起很多人的注目，而有着漂亮精致妆容的女人也在无形之中多了很多的机会。

羽灵是一家公司的经理助理，她身材妖娆，长相甜美，美中不足的是脸色欠佳。这都是由于小时候营养欠缺导致的。虽然吃了大枣、桂圆一类的东西提亮脸色，但是看上去还是有些不足，所以平日里姐妹们给她的建议是化妆，就这样羽灵这位"后天美女"在大家的眼里一直都很闪耀。就连新来的小伙子李岩都把她作为自己的暗恋对象。

有一天，羽灵因为任务太多，很晚才睡。结果早上起来的时候，有点来不及，也顾不上化妆，随便带了一些早点就跑去坐公交上班了。公交车上，她发现自己身旁有位打扮很新潮又很漂亮的女人，车附近的男士、女人都看她，而自己站在这个女人身边竟然成为了陪衬。羽灵很失落地低下头。到公司的时候看到了同事，然后和大家打招呼，很多人竟然没有认出她，而且她明显感受到了大家惊讶和失望的表情，李岩看到她这副样子以后也很少和她套近乎了，她知道没化妆的她在大家心中毫无魅力可言了。

女人一定要保养好自己的皮肤，绝对不可以让自己不修边幅。漂亮的女人没有邋遢的权利，就像偶像剧《流星花园》里静学姐对杉菜说的那样："一个女孩子要时时刻刻把自己打扮得漂漂亮亮，因为说不定哪个时候就能碰见自己的白马王子。"真正有魅力的漂亮女子，在任何时候都会极其注重自己的妆容，注意自己的整洁度。她们走在街上能够赢得别人的青睐和回头率，靠的正是这一份对美丽的重视。

第 10 章
"塑"不必有"料"，
没有胖女人，只有懒女人

　　肥胖除了会让女人穿不上漂亮的衣服外，还会引发很多疾病，比如，高血压、冠心病、糖尿病等高危类疾病。除此之外，肥胖的人通常肺的功能并不好，也容易发生肝胆的病变。所以，远离肥胖不仅仅是很多女人应该做的，男人也必须加入这个行列。女人想要让自己变得更加的美丽、气质和健康，就必须远离肥胖。要健康塑身，要加强体育锻炼，还要保证充足的睡眠。

1. 骨感的审美世界

　　现代社会是一个以瘦为美的世界，纵使是"四大美女"之一的杨玉环来到现代，也会因为自己的体型过胖而羞愧难当。气质美女中，胖子也可以说是少之又少。你可以想象一下，一个肚子上堆着一堆赘肉，脖子和脸都无法区分出来的女人，哪里有美感？肥胖除了使女人穿不上漂亮的衣服以外，还会诱发一些疾病。并且很多胖女人都会无故地遭到一些男人的嫌弃和嘲笑。娱乐明星小S说："一个女人如果连自己的体重都控制不了，何以掌控自己的人生！"所以，女人，减肥是你终生的事业，一定要坚持下去。

　　很多时候，有些女人会安慰自己说："胖一点好，胖一点的人才会显得年轻。"但是事实上，女人只有瘦一点，才会健康，才会更加地有气质。肥胖所引发的疾病，不仅会威胁女性的健康，同时也会让女人的容颜变老。所以，女人一定要远离肥胖，做一个健康而有气质的女人。就像网络上流传的那句话"胖子没未来"，"四月不减肥，五月没人追。"

　　对于女人来说，减肥最大的敌人不是饥饿，而是总想吃些什么的念头。所以，能够减肥成功的女人也是很了不起的女人。当然靠节食减肥是非常不科学的，减肥还是应该多多运动。总是待在家里，饭后就躺着，或者没事的时候就想怎么舒服怎么坐着，这样是无法减肥的，女人的形体都是塑出来的，平时的站姿和坐姿都能够影响女人的身材。另外减肥也要根据具体的情况对症减肥，多数的肥胖都是由于人体摄入了大量的高热量和大于维持生命机体活动支出的能量造成的，所以对症减肥更容易收到事半功倍的效果。

关于如何减肥，一些奋战在减肥事业上的女性，给出了以下几点意见，不妨试一试：

①了解自己肥胖的原因，对症减肥，制订一项适合自己的减肥方案，贴在家中的任何一个你能看到的地方，警醒自己，并将自己心中理想的标准和体重写下来，定期测量比对。

②每天要喝充足的水分，不要因为饥饿用各种饮料来代替，饮料的饮用会导致人体严重缺水，另外，水是生命之源，多喝水可以排毒，而且水本身没有热量，早晨起床后第一口水很重要，清理肠道，补充一晚上缺失的水分。

③自制一个直观的表格，用图表的方式记录自己体重变化的数字或者图形，这样可以激励自己坚持下去，并且可以了解到自己为减肥所做的计划是否有效、正确。可以根据表格的显示随时调整自己的减肥方案。

④饮食方面尽量要清淡。如果想要减肥，可以在食用的菜里少放些盐。当然，甜食也是要控制的食物，带有高热量的奶油蛋糕和巧克力只会让你的身材更加臃肿，同时那些含有果酱和丰富的糖、淀粉类的食物也要慎重地食用。

⑤可以找两幅悬殊很大的图片，一幅图片上面是标准体重，拥有完美气质的女人，用这幅图告诉自己："别的女人能做到，我也不会差，同样能做到。"激励自己向这个女人靠拢。另外一幅就是找一幅肥胖女人的图片，时刻警醒自己，不控制自己的身材，你将是第二个她，脖子和脸一样粗，分不出哪里是脸，哪里是脖子。

⑥让自己有一个良好而健康的生活方式，纠正自己不规律的饮食，同时一定不要暴饮暴食，作息时间也是影响身材的重要杀手，早睡早起让身体的各个机能都能正常运作，晚睡就会饿，就会摄入过多的夜宵，身体自然会长胖。

⑦水果和蔬菜要常吃，身体营养的均衡也是保持身材的一个秘诀。营养不均衡，身体也会发胖。

⑧坚持和毅力是减肥的成功守则，在美味佳肴面前控制自己的食欲，减少饮食中的肥肉，多增加蔬菜和鱼类、家禽类，这样更利于身形的保持。对于美味不要贪恋，要懂得适可而止。

在这个以瘦为美的时代，保持自己的体重不超过健康的标准体重，不仅仅是对自己的身体健康有好处，同时也是保持身形培养气质的一个重要条件。女人不应该为了点吃的，破坏自己的身材，让自己与美丽擦肩而过，更不应该为了多一点舒服，让自己变得臃肿，破坏气质。

2. 言谈举止，体现了一个女人的内心世界

· 智慧女人私房话

英格兰文艺复兴剧作家、诗人和演员本·琼森说过："搔首弄姿地做出过分优美的动作，只能让人觉得你很做作虚伪。"

在现实生活中，我们总能遇到这样的女人，她的气场很强大，当你仔细捉摸的时候，你就会发现这个女人抬头挺胸，虽然达不到"坐如钟，站如松"。但是，绝对不会站着没有几分钟就开始乱动，一会儿踢踢腿，一会儿扯扯衣襟，最后再理理头发。

芝加哥大学心理学院的教授卢克斯·托勒说："很多人有一个错误

的观念，那就是把人的内在美和外在美看成是两个互不相关的部分。实际上，内在美与外在美是密切相关的。在很多时候，人们完全可以通过外在形式来表示自己的内在美，也就是通过外在接触来感觉到对方的内在美。特别是女人，如果她们想让自己充满魅力，外在的表现形式是非常重要的。当然，这不仅仅是通过化妆和穿衣。更重要的是平时的一举一动，也可以说是举手投足。"

卢克斯·托勒教授告诉我们，对于一个女人来说，她的魅力和气质，完全可以在举手投足、一颦一笑中淋漓尽致地表现出来，这就要求女人有着良好的举止修养和大方优雅的仪态。

一个具有良好言谈举止的女人，总是能够在举手投足间让人领略到她的人格魅力，从而让你喜欢上她。但是，良好的言谈举止不是天生的，而是靠后天的培养逐渐养成的。也许你做不到站如"松"，但是也不能坐如"弓"。女人，即便是再好的气场也是需要锻炼的，气场的延续和保持是一场持久战，不要松懈，更不要放弃。一个人的站姿标准，能够体现一个人的精气神，挺胸收腹、抬头，这就是气质。女性的举止，反映着她的修养和自信心，一个举止大方得体的女人，会让自己的气质更加地饱满充盈，同时也会形成自己独有的个人风格。

3. 腿上的"小蚯蚓"，让你望"裙"兴叹

> **· 智慧女人私房话**
>
> 美腿天后莫文蔚说："拥有纤细坚实的美腿是所有女人的梦想，女人要美腿，才拥有不一样的美丽。"

拥有一双修长纤细的美腿，是所有女人梦寐以求的向往。美腿可

以后天培养出来，也可以后天毁灭。有些女人的美好腿形来自于先天遗传，有些女人的腿却难看得青筋暴起。你可以想象，就算你拥有一双又直又纤细的腿，但是这样好的腿形上却盘踞着数条像蚯蚓一样的静脉血管，并且青一块、紫一块，想必这辈子你都不能，甚至不想再穿裙子了。很多女人由于平时疏于对腿部的保养，常常引发下肢的静脉曲张，也就是我所说的"小蚯蚓"，这种病多数都发生在 30 岁以后，纵使那个时候你的容颜依旧靓丽，但是腿部如此岂不大煞风景？

那么"小蚯蚓"究竟是由于什么原因出现的呢？我们都知道人的身体具有两套血液循环系统，一个是毛细血管，它承担着身体血液循环的 10％的工作；另一个就是深层血管网络，它潜伏在腿部肌肉下的静脉，承担着血液循环中的大部分流量。当这些血液向上推送血液的时候，如果受到阻力就会在静脉里形成"小蚯蚓"，而随着年龄的增长，或者怀孕以及更年期，就会出现静脉曲张的现象。那么什么样的方法能够帮助我们赶走腿部的"小蚯蚓"呢？

① 尽量避免长时间站立，也尽量避免用两条腿来支撑全身的重量，应该适当地有所侧重，让两条腿能够得到轮流的休息。站立的时候，尽量地踮起两只脚，让脚跟一起一落地活动，或者进行下蹲运动，缓解腿部的压力。

② 不要总是跷起你的"二郎腿"，"二郎腿"的坐姿会阻碍下肢血液的回流，养成一日数次将腿抬高过心脏的姿势，并且保持膝盖弯曲，这样能够促进腿部的血液循环。

③ 如果你长时间地驾车或者工作中需要长时间地保持一种姿势，最好能够每隔两个小时停下来活动一下已经麻木的双腿。女人在长途旅行时，最好能够穿着长筒丝袜，这样会使你的血液流到心脏。在生活中要保持饮水的习惯，并且要不时地离开自己的座位活动一下，这样能够加快血液的循环，并且防止血液在静脉形成栓塞。

④ 女性最好不要长时间地穿着高跟鞋，要多参加一些体育锻炼，比如，游泳、骑自行车、散步等。但是，如果你的腿部已经出现了不是很明显的"小蚯蚓"，建议你尽量避免参加短跑和网球等剧烈的运动。

⑤ 能够养成睡前用热水泡脚的好习惯，这样不仅仅有助于你的睡眠，帮助你缓解疲劳，还能够帮助你活血化瘀。

⑥ 饮食尽量不要太油腻，最好以清淡的饮食为主。平时的生活中尽量多吃青菜和水果，可以选择牛肉、羊肉和鸡肉等温性的食品，这些都是为了温经通络。

⑦ 平时热水泡过脚后，能够用按摩油或者是含薄荷成分的乳液按摩腿部，这样可以放松腿部的肌肉。正确的按摩手法是手掌伸平，自脚向腿上慢慢移动。

⑧ 平时可以做一些针对腿部的练习，比如空中蹬自行车等动作，对于缓解腿部的肌肉有良好的辅助效果。

能够拥有一双美腿，不仅仅是 T 台上模特们的需求，同时也是所有女性的需求。美丽的双腿让女人看上去更加地有韵味，同时也让女人看上去更加的性感。女人的美丽很大部分都是通过穿各种各样的短裙和短裤体现出来的，总不能因为不愿意保养腿部而放弃裙子和短裤，穿着长裙和长裤过一辈子吧？女人，要努力起来，让自己拥有一双令人惊羡的美腿，告别"小蚯蚓"，让自己的腿部也成为耀眼的亮丽风景。

4. 正确的饮食，才能给你"好脸色"

· **智慧女人私房话**

知名美容专家认为：美的关键应当来自人体内部，许多有益于人体健美的食品，对一个人的健美将会起到意想不到的作用。

有人说，女人的美丽是吃出来的，的确如此。不健康的饮食一般会很快地显现在皮肤和身材上面，比如经常吃油炸食品或者是刺激性过多的食品，通常皮肤会有小痘痘的出现，有的时候还会使得皮肤暗黄而没有光泽。一部分垃圾食品是导致女性身体发胖的罪魁祸首，饮食的不规律和暴饮暴食、不运动，这些都是让女人无法获得好身材的直接原因。女人要有一个健康良好的饮食习惯，比如曾经有人说："早餐吃得像皇帝，午餐吃得像大臣，晚餐吃得像平民。"根据英国生理学家研究指出，人体的新陈代谢率是上午优于下午，下午优于晚上，也就是说晚上吃东西比较容易"发福"。

很多女性减肥都会选择不吃早餐，其实这是一种对身体毫无益处的方法。早餐是一天当中所需能量的重要来源，是必须要吃的。另外，女人还可以多吃粗粮。随着生活水平的提高，很多人都遗弃了粗粮而选择香甜的白米饭。但是白米的加工过程中，会碾除富含纤维和维生素的糠和胚芽，所以，白米饭只能够获取热量，却得不到营养。以下有几个健康饮食的建议，希望女性注意，在日常的生活习惯中，逐渐养成健康良好的饮食习惯，不仅有益身体健康，同时还能够焕发出肌肤的年轻态。

① 食物的口味尽量清淡、饮食要少油少盐

　　现在很多女人在减肥的时候都会选择吃一些水果沙拉或者水煮青菜，但是并不是说不吃肉就不会胖。水果沙拉上面厚厚的一层沙拉酱才是令你肥胖的杀手，油、盐、糖、味精等调料，这些都是高热量的来源。平时做菜的时候，一定要适量加调料，最好一次减少放一些，逐渐地就会适应清淡的口味。当然，如果你是一个口味偏重的人，那么你可以用葱、姜等天然的香辛料使得食物更加的鲜美，也有益健康。

　　② 饭前饮水或者汤，可以控制食量

　　一个想要瘦身的女人，必须要知道饭前饮汤才是减肥的好方法。如果你每一次都是将爱吃的食物最后品尝，然后不忘记来碗热汤，那么这个错误的小习惯永远都不会让你瘦下来。如果想要自己有一个好身材，最好能够在饭前饮汤，然后对于自己喜欢吃的食物不要客气，把它首先消灭掉，接着再看到那些不是很有兴趣的食物，你也没有地方在容下它们了。

　　③ 细嚼慢咽是亘古不变的真理

　　最聪明的瘦身用餐法，应该是尽量地拉长用餐时间。最好一顿饭能够花掉你 20 分钟的时间，重要的是你能够细嚼慢咽，每一口最好能够咀嚼 10～20 下，这样不仅能够提早产生饱腹感，还能够减轻胃的负担。

　　④ 吃到八分饱

　　吃饭能够吃到"八分饱"是很多长寿者养生的秘方。而且，吃到八分饱是一个比计算卡路里更加方便有效的减肥法则。限制热量过度摄取，不仅不会让人感觉饿，而且还能够每天不自觉地减少热量。

　　⑤ 多喝水

　　早上起来一杯水，清理肠道，这是很多人都知道的道理。但是水也不是随便喝的，否则就会出现水肿的现象。专家建议一个绝佳的喝水时间就是在肚子饿、想吃东西的时候。喝水是有学问的，比如白开水、偏碱性苏打水，这些水都很适合充饥的时候控制食欲，效果可以说又快又好。

⑥感觉饥饿的时候，可以食用零热量的小零食

小零食可不是随便乱吃的，搞不好会让你皮肤发炎起疹子，但是部分零食对于减肥和皮肤还是有不错的效果的。比如高纤饼干、果冻等。

对于美容的一些食材，爱美的女性可以参考专家给出的建议，比如西红柿、海带猪蹄汤、枸杞米酒等，这些都是有助于美白祛斑的食材。抗老的食材主要有西兰花、洋葱、豆腐、圆白菜等。当然，女性在生活中食用的大部分蔬菜属于光感食物，比如芹菜、油菜、菠菜、白菜等，这些光感食物在接受光照后，容易引起光敏性皮炎，女性在食用以后，应该多注意防晒。另外，不要吃一些过于油腻的食物，容易造成油脂过度分泌，头皮屑会增多，同时易患皮肤病。

5. 走路姿势决定你的腿型

· 智慧女人私房话

英国著名影星奥黛丽·赫本曾经说过："若要优雅的姿势，走路时要记住，行人不止你一个。"

很多女人对于自己的腿型很在意，但是却很少在意自己的走路姿势。走路的姿势影响着你的腿型，也许这是你没有想到的。生活中很多女人看到动漫形象中的女人都是可爱的"内八字"走路姿势，实际上动漫毕竟是动漫，若真的搬到真实的生活中来，你会看到这样的步伐其实一点都不可爱，而且还有些难看。很多女性膝盖夹紧，踩着小

碎步，后脚跟微微跷起，其实这个步伐更叫难看，而且毫无气质可言。女人如何能够走出一个漂亮的姿态，拥有一个好看的腿型呢？

有一项研究表明，走路姿势的正确可以促使女人走出美丽的体型，而不良的走路姿势会影响大脑健康，从走路的姿势还可以读懂身体疾病的征兆。看到这样的研究，很多女人很感兴趣，因为原来正确的走路姿势可以帮助塑身、减肥、塑造完美的身材，但是有部分女性也会担忧，因为不良的走路姿势会影响大脑的健康，同时还会影响自身的形象和气质。

走路的姿势很重要，有的时候你的脚步的习惯就会影响你的腿部肌肉运动，这个时候腿型就在无形之中确定下来了。根据一些专家提出的几种走路时的方式，会出现几种腿型，如下：

①踢脚走

有些人似乎怕地上的脏水或脏东西弄脏鞋或裤子，就养成了一种踢着走的习惯。踢着走的时候身体向前倾，走路时只有脚尖踢到地面，然后膝盖就一弯，脚跟就往上提，所以，走路的时候腰部很少用力，好像走小碎步一般。如果你有踢脚走的习惯，那么最好小心，以免使整条腿都变粗。

②压脚走

与踢着走类似，但是这种压脚走的方式是双脚着地的时间比较长。走的时候身体重量会整个压在脚尖上，然后再抬起来。如果长久如此下去，会导致腿肚的肌肉愈来愈发达，就会有讨厌的萝卜腿出现。

③内八字走法

很多日本女人是内八字走法。可是这种内八字走法长久下来会形成 O 型腿。

④外八字走法

你看过电视上黑道大哥的走法吗？没错，那就是外八字走法。如

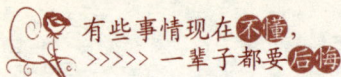

果你有外八字走法的习惯，那么请你注意，外八字走法会使膝盖向外，感觉没气质，腿型也会变丑，甚至导致O型腿。

⑤踮脚尖法

踮着脚尖走的人，其实本意是为了使步伐更美妙。由于过于在脚尖上使力，会使膝盖因为脚尖使力的关系而太用力于腿肚上，很容易长出萝卜腿。

那么，如何能够走出一个优雅而轻盈的步伐，平时应该如何练习呢？

① 办公室里练习满脚走

练习走路不是用两腿的力量，而是先把重心放在小腿，再练习"满脚"走和顺着直线走，走路才会沉稳不轻浮。

所谓"满脚"并不是脚尖着地，而是整个脚掌都落地，以脚尖前伸出发，加上用小腹的力量，让腿部出力减弱，用力在小腹，自然会挺胸，整个人会变得轻盈。这是在办公室里，你可以每天采用的方法。

② 上下班途中甩手大步走

上下班也是塑身瘦身的大好时机，每天有两趟上下班的时间，不拿来塑身太浪费。"走路塑身"别在乎有没有人看，这并不重要，如果练习得当，走得好看，自然有人盯着你瞧。你看，在东京车站大步走的女性比比皆是，然而走得有精神的却没有几个，这就有点门道了。

希望大家都学的走路方式是"甩手大步走"。好处在于可以瘦腰、瘦背、瘦臀，让手臂没有赘肉，也是最好的全身运动。

首先是收腹、抬头、挺胸、缩臀，步履尽量跨大，手要大幅甩动，做最大的运动，像阅兵的女兵走路法，只是腿不必踢正步。散步也可利用此法运动，如果甩手不挺胸，则像面条，软塌塌的，甩手又挺胸自然会神气。

走路抬头挺胸才利于周身与大脑的气血回流，也就是说，抬头挺胸走路时，是让大脑得到休息的机会，这个姿势使低头工作的状态变为"阳气升发"的抬头状态，正好补偿了人因为低头工作，给大脑造成的紧张以及气血流通不畅。低头走路造成的结果就是阳气不升，从而影响大脑正常的气血供应。

人在走路时，全身七经八脉都跟着一起活动，而含胸、弯腰的走路姿势正好让这些经脉得不到很好的舒张，身体得不到应有的供氧。此外，这种走姿所造成的脊柱问题，会反射到大脑，使人无论在伏案工作还是走路时，大脑都处于紧张状态。白天的这种不得缓解的紧张，造成大脑过劳，会影响夜间的睡眠。

内、外八字的走路姿势也是如此，外八字走路有碍阳经，使肝、脾、肾脏气血紧张，血流不畅，影响大脑血液的供应，造成大脑血液回流不畅。内八字则影响胆、胃和膀胱的经络，而这些经络均在脊柱的周围，脊柱周围气血不畅，一样影响大脑血液的循环。

青少年常体现出的侧颈、斜肩的走路姿势会影响督脉的气血运行造成气血不周，阳气不升。

纠正不良的走路姿势，先从纠正站姿做起。可以在家里对着大镜子自我检查。人在照镜子时会情不自禁地挺胸抬头，然后在走路时有意保持端正的姿势，做到不偏不斜，不前倾。

走路时的正确姿势应该是，双目平视前方，头微昂，颈正直，胸部自然向前上挺，腰部挺直，收小腹，臀部略向后突，步行后蹬着力点侧重在跖趾关节内侧。

6. 女人，就是要"坐有坐相，坐出好样"

· **智慧女人私房话**

著名的作家柏杨说过："真正天生的美女并不多，而且天生丽质的美女，如无训练，往往索然无味。有吸引力的女人并不全靠她们的美丽，而是靠她们的气质，包括风度、仪态、言谈、举止，以及见识。"

你有没有在家的时候被家人唠叨"挺大的女孩子，坐没坐相"，也许很多女孩子小的时候都经常得到过父母这样的批评，即便是长大了，也难免会出现一些不雅的坐姿，我们自己的心理也会一阵阵地犯嘀咕，这是女人该有的坐姿吗？真是不雅观。现在很多女性在家中待着的时候，都喜欢歪坐着，抱着电脑斜躺在床上看电影。有的女人在吃饭或者聊天的时候，聊到兴奋处，屁股还会动来动去。你可以想象一下，这个动作无论怎样看，都十分不雅观。一个人的坐姿在一定程度上可以反映出一个人的办事风格，以及她的教养和气质。

也许，有些女人觉得坐下来就比别人矮了半分，再好的气场也会输掉先机。其实，这种观点是错误的。很多综艺节目的主持人都是坐下来访问嘉宾的，难道坐着就不能体现出女人的气场吗？有的时候有些女人坐着比她平时看上去更加有魅力。

女人，如果想要坐出自己的气场，以下几种姿势可以帮助你。

① 坐着的时候，最忌讳的就是双腿乱抖，或者把自己的双手放在两腿之间。即使是非要跷个二郎腿，也要记得不要将自己的鞋底亮给对方，这是一种非常不礼貌的行为。

②坐在椅子上的时候，最好是臀部坐满椅子的1/2，双腿也可并拢，也可一条腿搭在另一条腿上，上半身可以稍微地向自己的前方微微倾斜。两肩要平，说话的时候下巴要微抬，目光直视。

③上半身后仰，靠在椅子或者沙发背上，双手随意地放在自己的大腿上，两条腿可以自然地平放在地上，切记不要抖腿，抖腿在古代有句很有名的话说："男抖穷，女抖贱，人抖穷，树抖死。"其实不抖腿也是一种礼貌的社交礼仪，上身挺直，不抖腿，抖腿的动作很像痞子的行为，不少人坐久了腿总是会不知不觉地开始抖了起来，所以也让人觉得抖腿的人有一种轻浮不稳重的感觉。

④优雅的坐姿还可以是臀部只能坐椅子的1/3，两腿分开的角度不能太大，双腿也可向左右两侧一起倾斜，说话的时候，不要手舞足蹈的样子，这样也可以坐出气场。

晓红和刘霞在一家公司的公关部门工作，公关部门要选择一名形象好的人作为公关部的经理，为了更好地向外人展现出自己公司员工的气质。晓红长得很漂亮，她的外表形象各方面都很好，是这一职位的第一适合人选。刘霞凭借自己的姐姐在公司有一定的人脉基础，但是若论起长相和气质，她差得太远。但是公司最后还是选择了晓红，当然晓红能够获胜并不是因为她长相靓丽而获胜的，而是她的坐姿和修养。

有一次，总经理请公司有望选为公关部经理的员工吃饭。很多女同事都在场，而且彼此又都很熟悉，很多女人就开始讨论化妆、买衣服之类的话题，还毫无拘束地疯闹。但是在那个时候，总经理看到了晓红一个人很端庄地坐在椅子上，看着大家讨论，她的坐姿相当漂亮。即便是酒店的椅子很舒适，她依旧优雅地双脚着地，上半身后仰，臀部只在沙发上坐1/3处。再一看一旁的刘霞，嘴巴吃得油光光，手指甲上染着鲜红的指甲油，头发乱糟糟地抱着抱枕，斜歪着倚在沙发上。当时，总经理就觉得晓红来做公关部经理将来错不了。

之后的几次观察，老板发现晓红还很优秀。于是，晓红得到了公关部经理的职位。

在坐姿中最忌讳的也许就是将臀部坐在椅子的 1/2 处，还要背靠椅子背的全部，两腿完全敞开，甚至还有用手挖鼻孔，当然你可以随意地想象，这种坐姿换成任何一个漂亮的女明星都不会有优雅的气质，何谈魅力呢？女人千万不要这样破坏自己的形象，令自己气场全无，同时还会成为众人眼中的笑柄。其实优雅的坐姿不仅仅是在公众场合需要注意，即使是自己的家中也要注意，因为很多好的习惯都是日常生活中的行为慢慢培养出来的。

7. "吃相"是一门必修课，不要一口"吃掉"你的优雅

> **· 智慧女人私房话**
>
> 英国文艺复兴时期最重要的散文家、思想家培根说过："形体之美胜于颜色之美，而优雅的行为之美又胜于形体之美。"

心理学家说："一个人的吃相反映了一个人的人品和教养。"这句话说得一点都不假。你可以想象一个漂亮的女人，歪坐在椅子上，然后手端着大碗，狼吞虎咽地在吃东西的样子，简直就不堪入目。你还会觉得眼前这位美人优雅吗？优雅的女人和外表的关系并不大，而是从她所表现的外在行为能够看出来。吃饭是有讲究的，中国人对于吃饭的礼节也不少。现如今吃相已经成为了一种公共关系学，如果你有美丽的外表，却因为总是流露出粗俗的举止，那么举止就成为困扰你美丽的直接原因了。

一个气质优雅的女人可以弥补自己外表不美丽的缺陷，而外表的美丽却不能掩饰举止的粗俗。也许很多女人都不明白，为什么在吃饭中还能够

体现粗俗。一些专家曾经总结了一些会严重妨碍女人形象和损害女性优雅气质的行为，所有的女性都应该扪心自问一番，看看自己是不是在无形之中已经将自己的淑女形象尽失，气质也损害殆尽了呢？

① 在吃饭的时候，由于够不到菜，会把筷子伸得老长，有的时候还会撅起屁股去夹菜。

② 喜欢在菜盘子里翻来翻去地找自己喜欢吃的东西，然后把自己喜欢吃的都堆放在自己的碗里。

③ 将自己咬过的菜放回菜盘子，或者吃鱼、啃骨头的时候将鱼刺或者骨头直接地吐在桌子上。

④ 当着饭桌正面并且是毫不避讳地打喷嚏或者咳嗽。

⑤ 吃饭的时候发出响声，喝汤的时候发出吸溜的声音，或者对着汤猛吹气。

⑥ 由于桌上的菜很多，犹豫自己夹哪个菜好，用筷子点过一圈，没夹菜，反而将筷子放入口中咬咬筷子头。

⑦ 遇到自己喜欢吃的菜，很贪婪地一夹再夹，还不停地舔勺子，吸吮筷子。

⑧ 口中有菜的时候，听到饭桌上有人讲了自己感兴趣的话题，还没将口中的菜咽下去就急忙说话。

以上的行为你都有了，那么毫无疑问，你显然和气质不搭边。当然如果你只占了其中的几项或者一项、两项，那么你已经损坏了自己的优雅气质，如何让自己做回优雅女人？那就是吃饭的时候不仅不要有以上的一些行为，还要学会控制，调节自己的行为。

李红是一个漂亮的女孩子，身材高挑，还毕业于一所名牌大学。大学毕业以后，参加工作。在工作中与男友庞鑫相识，两个年轻人坠入爱河，打算互见家长，然后结婚。年底的时候，李红和男友庞鑫一起去庞鑫家过年。因为此前庞鑫一直和自己的父母夸奖李红是一个好女孩，而且不挑食，所以两位老人在家还是特意地准备了一桌子好菜来迎接未来的儿媳妇。

吃饭的时候，不知道是路途劳顿太饿了还是庞鑫爸妈做的饭菜太符合自己的胃口了。她坐在桌子边开始大口大口地吃起来，而且她吃得满嘴吧唧吧唧直响，庞鑫的妈妈一看这李红的吃相，皱起了眉头。庞鑫也注意到了老妈的细微变化，在桌子的下面用脚轻轻地踢了李红几下，为了提示她注意自己的形象，可是李红并没有领会庞鑫的含义，把自己碗里夹满了自己爱吃的东西，嘴巴也塞得满满的。

庞鑫的爸爸问李红家住哪里，李红听到后急于回答，又想快速地咽下口中的食物，结果不小心呛到了，本能的反应，她咳嗽了一下，结果弄得周围和庞鑫妈妈的衣服上都是她嘴里没有咽下的食物。她急忙站起来用手拂去自己的饭粒，然后拿起抹布就给庞鑫的妈妈收拾。事后，庞鑫的父母怎样都不同意他们的婚事，李红也错过了自己的婚姻。

吃饭的时候很容易让一个人失掉形象，这不仅仅体现在女人身上，男人也是同样的重要。所以，吃饭的时候如何能够保持一个好的形象和修养是体现气质的关键时刻。在赴宴的时候，优雅的女人坚决不会把自己的筷子伸得老长，去夹自己喜欢的菜，更不会因为要够到某种菜而撅起屁股，弄得椅子咯吱咯吱直响。她们会端庄地坐在那儿，等待转台转到自己那里，然后从容地夹菜，并取菜适量，而且不会抢在别人的前面去夹菜。

在吃饭的时候，她们也不会把筷子放到口中去咬，更不会舔勺。美国慈善家比尔·戴维森说："滔滔不绝、到处放电、漫不经心和懒散，以及破坏自己的道德形象的行为都会给别人留下深刻的印象。"所以，女人在赴宴的时候一定要吃得漂亮，端庄的气质不可以败在吃饭的场合中，吃相有的时候展现的是一种素质和修养。

生活篇：乐在其中便逍遥

热爱生活，就要学会享受生活，而享受生活是每个女人的权利。生活中任何事情都要拿得起，放得下。生活既是多姿多彩的，同时也是平淡乏味的，会享受生活的女人，生活就是绚烂多彩的，而只顾埋头苦干的女人，生活劳累困顿。女人，对于享受生活来说，任何外界的东西都是多余的。比如一个毫不相干的人的评价，一个别人的冷眼和嘲笑。也许你的生活并不富有，但是你必须拥有强健的体魄；也许你生活在嘈杂的社会环境中，但是心若幸福，何处不花开？

第 11 章
在不知足中努力，在知足中生活

哲罗姆·克拉普卡·哲罗姆说："让你的生命之舟轻装前行，只装上你需要的东西——一个朴实的家，简单恬淡的快乐，一二知己，你爱的人和爱你的人，一只猫，一条狗，烟斗一二，够吃的食物，够穿的衣服，水要多带一些，因为口渴可是要人命的。"原来生活如此简单，人们需要的也如此简单。简单的生活就是欲望少一些，自由多一点；攀比少一些，放弃多一点。

1. 女人的妒忌心，是烦恼的根源

• 智慧女人私房话

英国现实主义小说家菲尔丁说："如果丑陋的人偏想要别人称赞他美，跛脚的人偏想表现矫健，那么这种原来引起我们同情的不幸情况，只会引起我们讪笑了。"

有人说，天底下有多少男人风流和不羁，就有多少女人妒忌和怨恨。妒忌心是一种生活态度，妒忌行为是一种叛逆心理的表现，因为女人，妒忌心有了更加深刻的诠释。忌妒，通常都是发生在熟悉的人中间。可比性越大，妒忌表现得就越强。你看古代的皇帝很少妒忌老百姓，因为两者之间的可比性太小。英国学者培根说："人可以允许一个陌生人的发迹，但绝不能原谅一个身边人的上升。"当一个人将自己身边朋友或者熟人的变化与自身进行比较时，就会反衬自己的落后和平庸，所以，往往妒忌心会造成一个女人修养全无。

很多女人在生活中，见不得自己的闺密或者朋友比自己好。只要看到别人比自己过得好，就会受不了。这种病态的心理就是由于妒忌心引起的。有人说，地狱中的魔鬼为了破坏爱情而发明恶毒的招数中，忌妒是最厉害的一招，而且永远都不会失败，就像一条会咬人的眼镜蛇，总是能够置人于死地。忌妒之心人人有之，如果不懂得如何去压制和平息，而是随心所欲，最后只能是伤人伤己。

傅颖是一个条件很不错的女孩子，在大学时期就受到了很多男孩子的追求，到了工作岗位上，她也还是表现得不错，但是却总是有人盖过她的风头。

傅颖的单位有个叫牛娇娇的女孩，这个女孩无论是长相、身材还是气质，都要比傅颖胜一筹。傅颖总是觉得牛娇娇抢了自己的风头，所以，经常有意无意地刁难牛娇娇。一次，单位派员工去市里面听会，回来的时候，每一位员工都要说说自己的会后心得。傅颖表达完自己的想法以后，大家一致点头称赞。可是当牛娇娇讲完自己的理解后，领导给予了点名表扬，还打算升牛娇娇做主管。

眼看着牛娇娇就要踩在自己的头上，傅颖再也不能忍受了。她在一次两人合作的项目中，故意弄错数据，结果项目失败，两个人遭到了老板的怒斥。傅颖虽然挨了骂，但是看到老板对牛娇娇失望的表情，心里不住地暗爽。后来，公司的技术人员发现了数据的疏漏在傅颖，傅颖被公司开除了，而牛娇娇升为了公司的主管。傅颖因为自己的妒忌之心，再也没有机会在公司工作了。

女人，不要让妒忌之心腐蚀你的心灵。只会妒忌的人找不到自己的生存价值和乐趣，每天只会盯着别人哀叹。英国作家萨克雷在《名利场》中写道："一个人妒火中烧的时候，事实上他就是个疯子，不能把他的一举一动当真。"忌妒心起来的时候，一个女人最容易妒火中烧了，因此要学会自我调节情绪，要有自知之明，少一分虚荣，多一分修养。要知道生活中很多烦恼的根源，都来自于盲目攀比。

2. 过分追求完美，也是一种贪婪的表现

·智慧女人私房话

有人说："女人不是蜗牛，不需要一生都背着重负前行。累与不累，就在于能不能给心理减压了。"

　　过于追求完美的女人,男人是不敢娶的。所以,女人太完美,也能成为男人冷落你的理由。人生不可能事事都如意,更不可能事事都完美。追求完美固然是一种积极的人生态度,但是,如果过分追求完美,而又达不到完美,就必然会产生浮躁。很多过分追求完美的女人最后往往得不偿失,反而毫无完美可言。虽然,完美是一句极具诱惑力的口号,却也是一个漂亮的陷阱,它将女人陷入里面的泥潭,却让你以为是席梦思软床。

　　在现实的生活中,女性的生活问题尤其多,一点点都不亚于男性。尤其是在家庭、职业、金钱方面,女性感到的压力远远超过男性,所以,女性过于事事追求完美也是造成自身压力的重要原因。我们都知道在这个世界上,十全十美的人是不存在的,过于追求完美的女人无异于自己给自己找罪受,其实女人过于追求完美也是一种固执的表现。心理学家说:"追求完美,是人类自身在渐渐成长过程中的一种心理特点或者说一种天性。"女人总是喜欢在一种自我的追求中,不断地要求自己,不断地完善自己,要求事物尽善尽美。

　　其实追求完美本身并没有什么错,每个人都是希望自己身边的事情或者人都是尽善尽美的。但是做事情过于追求完美,往往会消耗一些不必要的时间和精力,为了从99.9%跨越到理想中的100%,而为最终的那0.1%付出多出正常标准很多倍的时间、精力等资源,显然是得不偿失的。

　　这世上没有十全十美的事物,要保持一颗平常心并知足者常乐,才是完美的心境。过于追求完美的女人通常会很累,如何能够让自己那颗过分追求完美的心得到拯救,一些心理学专家给出建议:

　　① 不要对你未来的男人要求过高,不要将心中理想的男人"神化",是人都会有一些缺点,如果你的丈夫能够满足你的日常花销,同时又温柔体贴,你就不要再要求对方变成白马王子,富可敌国,貌比

潘安。你的强求只会让自己更加地痛苦，还会给对方增加无形的压力，没有任何的好处。

② 不要对自己要求过高，很多事情尽心尽力甚至已经全力以赴了，无论结果如何都不要漫无边际地责怪自己，给自己定了一个目标已经达到了，就进行下一个目标，不要听别人说自己怎样，在别人的要求中，你永远都不是令人满意的那个。

③ 不要过于要求事情的完美，事情的发展到结束都有它自己的规律，无论怎么做，我们都不能够阻碍事情违背自然的发展规律。

④ 学会找人倾诉。不是告诉别人你有多不行，多害怕，而是告诉她这件事你是怎么想的，也许会做不好，但是按照自己的想法就不会后悔。实在没有必要在他人的眼里永远都那么坚强。

女人们并不了解，人生中的很多烦恼都是由于我们过于追求完美而产生的。过于追求完美，最普遍的错误想法就是认为不完美便毫无价值。女人有的时候要懂得放弃，放弃也是一种人生的大智慧，有气质的女人不应该是过于追求完美的女人，过于追求完美让一个女人看上去非常地恐怖，女人，应该适当地给自己的心理放一个小假，要知道在这个世界上很多让我们难以忘怀的事情就是因为它不够完美，我们才记住了这种失望。

人生中很多大的得意都会有些小小的失意，有些失意与得意比起来是微不足道的，甚至有些女人一生都在追求完美的身材和样貌，到老的时候才发现只要能够活着就是最美最好的事情。当在人生中追求了完美而遗憾地落空时，女人的气质才会凸显出来，人生就应该是有得意有失意的，大起大落真人生，所以，女人不要过于追求完美。完美，也是你遭到冷落的理由。

3. "青菜豆腐"一样养活人

· **智慧女人私房话**

著名节目主持人白岩松说："生活中只有5%的比较精彩，也只有5%的比较痛苦，另外的90%都是在平淡中度过。而人都是被这5%的精彩勾引着，忍受着5%的痛苦，生活在这90%的平淡之中。"

人生本来就很平常，平常的人才是正常的人，正常的人才能拥有一颗平常的心。拥有平常心的人才能体会到淡泊是一种享受。现代社会中，无论是男人还是女人，都承受着来自社会上的压力和竞争，激烈的竞争让很多人身心疲惫。然而很多在繁忙中的人却始终没能够明白，一个人活着究竟是为了什么。有些女人看到别人家有车有房，整天羡慕得茶不思、饭不想，然而最后却发现"家家有本难念的经"，曾经那个乐观的自己，都在艳羡与忌妒中迷失了方向。

在生活中，没有几个人能够了解"青菜豆腐"与"朱门酒肉"都一样能养活人，而是固执地强调两种生活哪一种更加的奢华。不懂得淡泊的人，必会被生活所累，每天无休止地抱怨生活。有句话说："别抱怨生活，生活根本不知道你是谁。"很多女人不懂得如果一个人不能将事情看得淡一些，那么生活便如牢笼，永远体会不到淡定的轻松。一个人只有用淡定的眼光看待生活中的一切，才能体会到生活充满了意外的惊喜。生活其实就是当你放弃了阳光，你将会得到细雨的滋润；当你放弃了雨季，你将会得到阳光的温暖。

依姗是一个家在农村的女孩，凭借高考进入了国内一所知名的大学，从此便留在大城市里面工作和生活。由于小时候生活水平的限制，导致依姗处处都不想比任何人差。她看到朋友孟桐穿了一件名牌大衣，于是自己也花钱买了一件，但是一件大衣花掉了她一个月的生活费。为了在生活物质上不比孟桐差，她常常需要朝闺密海波借钱生活。不到一年，小小年纪的她就已经为了追求物质生活而欠了 8000 元的外债。这些外债让依姗备感生活压力巨大，似乎呼吸困难。

闺密海波的生活过得有滋有味，虽然每个月大部分钱都被依姗借去，但是仍能周转自如，不得不让依姗十分美慕。依姗问海波："海波，你每个月赚多少钱啊，我朝你借的钱不会影响你的生活吧？"海波笑着说："当然不会影响，我每个月吃饭和买书只需要 1000 元，剩下的那点钱借你，然后再付房租绰绰有余啊。"依姗疑惑地问："那么你不买其他的衣服、化妆品和包包之类的东西吗？"海波回答："偶尔也会买，但是买得不多。人活一辈子总不应该成为物质生活的奴隶，简单一些，平淡一些，活得轻松简单。"

依姗说："可是，你穿得太寒酸，不怕别人笑话吗？"海波反问："我现在穿得寒酸吗？麻布衣裳和绸缎都能穿，粗茶淡饭和燕窝鱼翅都能填饱肚子，为什么要舍弃平稳的粗茶淡饭换取一次燕窝鱼翅，让自己活得上顿不接下顿，有什么意义呢？"依姗听到这句话，半晌无语。

有句话说："杯水人生，平淡是真。"有人把人生比作一杯清水，其实的确如此。人生之中笑也不多、泪也不多，一切都是风平浪静，有如杯中之水，清澈而透明，这才是原汁原味的人生。人生之中，目标无定式，追求无止境。人没有完全满足的时候，所谓满足也只是个"相对论"。追求生活质量本身并没有过错，但是要适度，要以自身的条件为参考，否则盲目树立人生的目标，会让自己生活得太劳累。

4. 女人，最大的悲剧就是不知道"知足"

漫画家蔡志忠说："如果拿橘子来比喻人生，一种橘子大而酸，一种橘子小而甜。一些人拿到大的就会抱怨酸，拿到甜的就会抱怨小。而我拿到了小橘子就会庆幸它是甜的，拿到酸的橘子就会感谢它是大的。"

常言道："知足者常乐，不知足者常忧。"在生活中，懂得知足，不贪恋身外之物，是一种难得的清醒。女人如果能够做到这一点，你会活得轻松、自在，快乐和幸福常伴左右。一个人追求得越多，就越难以满足，也就越难找到快乐。当一个女人被欲望的念头所腐蚀的时候，就再也没有多余的心用于其他，生活中的许多东西都会在不知不觉中被忽略掉，一切都会慢慢地变质。

当然，知足常乐并不是告诉女人应该没有欲望，而是告诉我们要珍惜现在所拥有的，对于自己不再有的不要过分留恋。生活中，要不断地提醒自己，我们拥有的已经够多了。如果只是埋头苦干，不懂得知足常乐，生活的质量就会大大地降低，快乐也会减少。只有静下心来，让自己停下对过多欲望的追求，去享受自己所拥有的东西，才能够感觉到幸福其实一直都在我们身边。

晓斌是一个很幸福的女孩，她家庭健全，还有疼爱自己的男朋友，生活中也没有什么值得她操心的事情。但是她却看上去没有那么开心，她每天都抱怨为什么自己总是差那么一点点就会成功了。她在工作中很努力，同事们给她取了一个绰号叫"拼命三娘"。她的业绩是一天天地在攀升，工资卡中的数字也在不断地增长。这些在别人眼中都应该十分羡慕的事情，但晓斌自己仍然觉得缺点什么。

在晓斌看来，自己在同事中不是最好的，而且还有许多需要努力的地方。为此她经常推掉和男友约会的时间，拼命地工作。她经常加班，不和家人在一起吃饭。她觉得自己一定会得到最棒的位置。但是这样之后，她已经完全成为了一台工作的机器，终于有一天，她不堪重负，昏倒在办公室里。

在她住院期间，她的内心非常地纠结，因为自己的过劳生病可能会导致她业绩的下滑，可能会导致工作的堆积。想到这些她想要出院，但是医生拒绝了她的请求。在医院里，她每天都能吃到妈妈做的饭，看到男朋友在她眼前为她担心、忙碌，听到爸爸给她讲自己在单位中的事情。她忽然间觉得自己很幸福，原来自己拥有这么多，但是自己以前从来都没有注意到这些。她在心中不断地告诉自己，等自己出院以后，让那些繁杂的生活从此与自己绝缘，自己要好好地享受自己所拥有的一切。

知足是人的一生中最大的快乐，不知足的人永远领略不到快乐的滋味。有句话说："心有妄求，永无宁日，人不能救，天不能救。"一个人没有一颗知足的心，拥有再多的财富也不会觉得多，拥有再多的快乐也感受不到。"知足者，贫穷亦乐；不知足者，富贵亦忧。"知足者，不是放弃追求，而是认可自己的现状。因为知足，所以快乐；因为快乐，所以有更好的心态去追求未来。知足就是一种心态，一种领悟，知足不是因为获得了什么而快乐，是因为快乐而快乐。

5. 习惯仰视的人，必然滋生烦恼

● 智慧女人私房话

毕淑敏在《提醒幸福》中说："幸福总是稍纵即逝的。当我们踮起脚尖艳羡他人时，幸福就在不断流逝。我们常常只是在幸福的金马车已经驶过去很远时，才发现地上的金鬃毛，慨叹原来我们见过幸福。"

很多时候，不是我们不幸福，只是我们自己无法平衡心里的欲望。"蝴蝶纷纷过墙去，却疑春色在邻家"，这两句诗鲜明地反映了现代人的心理，幸福总是在别人那里，为什么别人总比自己幸福。其实，人正是因为在人群中习惯了仰视，所以才滋生出许多的烦恼来。生活中的幸福不是拿来比较的，而是用心去感受的。有道是，山外青山楼外楼，比来比去何时休？生活中的"好"与"坏"其实都是相对而言，只要你能够把握当下，任何人都可以拥有自己的幸福。

哈佛大学老师泰勒·本·沙哈尔说："只要我们每个人都能够细心留意，就会发现，其实生活中那些原本在我们眼前展露的幸福枝丫，往往会被我们错过。主要原因就在于我们总是在艳羡别人的风景美好，而忘记了自己眼前的景色。"其实，每个人的心中都有一座蕴藏幸福的花园。那里拥有鸟语花香，只是我们的眼光总是爱跳过自己的院墙，逗留在别家的园内。当我们渐渐忽略掉了自己园子里亮丽的风景，等到醒悟过来，再回头时，却只能看到满院没有来得及打理的凋零。

幸福永远是靠自己发现和争取的，而不是在忌妒和羡慕别人的幸福中得来的。如果想要自己的园中景色胜过他人，那么你就要做一个

156

勤劳的花匠，在每日勤劳的打理中，创造每一天的幸福。一个人如果觉得自己不幸福，那么就看看自己拥有的，不看自己没有的。只有满足于和享受自己所拥有的一切，你才能保持自己宁静、与世无争的心。只有对生活知足和对欲望知止的人，才能免去生活中忧愁和悲伤的困扰，才能真正地享受到生命的乐趣。

6. 放下"重负"，才能轻松前行

· 智慧女人私房话

人生旅途中，如果把遇上的每一件自己喜欢的东西都背上，就会感觉很累，说不定哪天就会因为太沉重而停滞不前或颓然倒下。所以，如果我们学会在生活中放下一些不必要的东西，心中便会生出不少快乐，人生会更从容。

生活中的人，没有谁愿意将自己手中的东西放下，然而也正是因为这些重负，束缚了我们的手脚和思想，让我们无法获得自由，无法感受幸福。人生有所失才有所得，背着一匹马爬山永远都没有身无一物爬山更轻松。

对于女人来说，在人生这个旅途中，如果能够坚持的时候，千万不要放弃；如果应该放下的时候，也不要无谓地执着。一个女人一生要面临很多次选择，有选择就有放弃，与其患得患失地生活，不如让自己放下负担，去过更加轻松的生活。卡耐基说："世界原本就不是属于你，因此你用不着抛弃，要抛弃的是一切的执着。万物皆为我所用，但非我莫属。"不要在欲望和失望之间做摇晃的钟摆，永远都不知道真正的满足，永远也没有幸福的一天。

网络写手萧然因为写了一本《月光下的蠕动尸身》而成为了畅销小说家，他开始忙碌于各大新闻媒体的采访和发布会，有的时候还需要去国内的一些高校去做演讲。成名之后的他享受到万众瞩目的感觉，可是时间长了，他感到了一种莫名的痛苦和疲倦。他忽然间很迷茫，不知道为什么成名之后反而没有之前的生活那样自由和轻松了。

他的经纪人帮忙找到了一位生活中的智者，萧然向智者请教："我现在感觉十分地劳累，而且生活得也不是很开心，我不知道为什么会这样？"那位生活的智者回答说："你每天都在忙什么呢？"萧然说："我每天都要参加签售会、新闻发布会、到处去演讲，有的时候还需要接受各类媒体的采访。"智者笑着说："先不要想太多，喝杯水休息一下。"

萧然接过水杯，喝了一口。没想到这位生活中的智者又从冰箱里拿出了啤酒和各种饮料，一杯杯地倒给萧然喝。萧然看到这些饮品，狠狠地吞了一口唾沫说："我口渴只是需要一杯水，要这些饮品做什么呢？"智者听到后回答说："你既然明白这个道理，为什么还要来问我呢？"萧然感到有些莫名其妙，皱着眉头看着智者。

智者说："你口渴的时候，需要的仅仅是水，给你一些多余的饮料，即使它比水好喝多少倍，你都会觉得难以消化。你只是一个写作者，为什么要去做演讲家、交际家，这不是你自找的吗？"萧然忽然间顿悟道："原来每个人都只应该做好自己分内之事，不应该被尘世的欲望所缠绕才能获得轻松快乐。"此后，他推掉了许多不必要的应酬，安心继续自己的小说创作，生活也变得简单轻松了。

在人生的征途中，如果总是扛着多余的"包袱"赶路，就永远都不可能轻松地前行。只有学会放下包袱，轻装上路，才有可能走得更加轻松、更加高远。生命无法承受那么多的负重，有的时候人需要给自己的人生做减法，把一些应该放下的东西放下，用一颗乐观的心去面对自己人生中的困难，这样很多事情便能迎刃而解。

第 12 章
女人，不要"亏待"自己，
要为健康埋单

　　飞快的生活节奏，沉重的工作压力，激烈的社会竞争，这些再也不只是男人的事情，也是女人必须要面临的问题。只要是生活在这个世界上的人，人人都是马不停蹄地在努力工作，为生活四处奔波。在工作与生活之余，女人不要亏待了自己，要时刻注意自己的健康。保持身体健康不是生病了才去治病，而是健康的时候能够休养身体，防患于未然。即使事业忙碌，不要亏待自己，忙碌归忙碌，智慧的女人要懂得忙中偷闲，运用运动或者养生的手段宠爱一下自己，让自己永远健康美丽。

1. 健康的身体才是美丽的资本

如果一个女人没有健康的身体，那么她的事业做得再怎么成功，她也是无福消受。所以，女人要关爱自己的健康，关爱自己的身体。现在的社会生活中，很多女人对于自己的健康和身体都不是很关注，更加地不爱惜。她们总是把自己变成女强人，让自己长时间地陷入疲劳的状态，更加不懂得休息和保养自己，导致身体的健康指数下降。

也许很多女人会说自己的身体没有大毛病，或者不生病就是很好的，但是亚健康状态不仅仅指生理健康本身，它还包括心理健康。现代社会的大多数人都处于一种亚健康状态，很多原因都来自于对现代社会生活和工作压力表现出来的焦躁不安等。美国哈佛大学健康教育学家对哈佛大学部分学生也采取了一些调查，调查显示，处于亚健康状态的人占调查总人数的73％，这个数字说明，很多人已经游离了健康的状态。

女性健康专家通过研究，总结出几种健康表现的标准：

睡眠质量很好，很在意自己的休息；

皮肤有弹性，走路自然、轻松，没有负重感；

有一定的抵抗力，不会因为季节流行感冒和流感而得传染病；

身高和体重协调，不会过瘦，更不会过胖；

视力很好，眼睛明亮，反应灵活敏锐，眼睑不会发炎，红肿；

为人处世乐观，态度积极，敢于承担责任；

应变能力强，应对各种突发能力也很强，能够很快地适应新的环境；

牙齿洁白，没有蛀牙，更不会发炎、出血；

头发有光泽，不会脱发、落发，过早的白发，无头皮屑，不干枯，没有开叉；

能够应对来自生活和工作中的压力，不会过分地紧张或者不安。

当你参照以上的十条发现自己并没有完全符合要求或者大部分都不符合要求的时候，你已经处于一种亚健康的状态了。健康对于我们来说很重要，无论什么时候，人的健康都是第一位的。一个长期处于生病状态的女人，根本就不会有什么美感，健康才是王道。有了健康才有一切，才会让女人更加有气质。

2. 妇检，女性一道重要的"护身符"

· 智慧女人私房话

有关医学专家说："妇检是女性一道'护身符'，女人的子宫、乳腺，一生都要精心呵护！"

在体检科，一整套体格检查下来，医生总能发现不少女性在妇科检查上"溜了号"，大多数女性对妇检都存有心理障碍。其实，面对妇检时，女性完全没有必要害羞回避，而且还应该如实地回答医生的询问，只有这样才有利于自己的身体健康。根据世界卫生组织调查，1/3的癌症可以防范，1/3的癌症如早期发现便可以治愈，1/3的癌症若及时发现并治疗可以减轻痛苦延长生命。比如子宫颈恶性肿瘤、卵巢恶性肿瘤、乳腺恶性肿瘤，还有子宫平滑肌瘤等，这些病都可以通过体检早发现、早治疗。

很多女人在生活中出现了身体不适都会去医院检查，但是出现了"难言之隐"却只好默默地忍痛吞声了。病情是不可能自己挨过去的，等到病情严重了再去医院检查毫无意义。妇科疾病就像是埋在女性体内的一颗"定时炸弹"，对于女性来说，只要是牵涉妇科疾病的时候，千万不要大意，一定要定时去做个妇检，不仅仅是为自己买个安心，同时也是为家庭买了一个保险。病魔不分年龄，无论名利尊卑，无论美丑，只要找上你，你就在劫难逃。

①乳腺

对于女人来说，乳腺并不只是身材漂亮的标志，更是身体健康的一个重要指标。乳腺癌的危害对于女性来说尤其地大。其实除去医院放射性的检查以外，女性还可以学习一些自检法。一般乳腺自查应该每月一次，美国癌症协会推荐了三种乳腺自检的方法可供参考。

镜子对照法。面对镜子，两手叉腰，观察乳腺的外形。然后将双臂高举过头，观察两侧乳腺的形状及轮廓的变化。乳腺的皮肤有无红肿、皮疹活浅静脉怒张等现象。乳头的检查是看两乳是否在同一水平线上，是否有凹陷或溢出物的现象，乳晕是否有颜色的改变。最后，放下两臂，双手叉腰，两肘努力向后，使胸部肌肉紧绷，观察两侧乳房是否等高、对称。

平卧触摸法。平躺后，右臂高举过头，并在右肩下垫一个小枕头，使右侧乳腺变平。将左手四指并拢，用指端掌面检查乳腺各部位是否有肿块或其他改变。用右手食指、中指、无名指三指的指腹，缓慢、稳定、仔细地触摸乳房，在左乳房作顺或逆向前逐渐移动检查，从乳房外围起至少三圈，直至乳头。也可采用上下或放射状方向检查，但应注意不要遗漏任何部位。同时，一并检查腋下淋巴结有无肿大。

最后，用拇指和食指间轻挤压乳头，观察有无乳头排液。如果发现有混浊的、微黄色或血性溢液，应立即就医。

淋浴检查法。淋浴的时候，因为皮肤湿润更容易发现乳腺问题。方法是用一手指指端掌面慢慢滑动，仔细检查乳腺各个部位及腋窝是否有肿块。

②子宫

宫颈癌的发病率在妇女各种恶性肿瘤中位居第二，仅次于乳腺癌。值得注意的是，凡是有过性行为的女性，不管年龄大小，都应定期接受宫颈涂片检查。关于子宫也有一套自检法可供参考。

自己观察白带。正常的白带是少量的白色略显黏稠的分泌物，随着月经周期会有轻微变化。但是脓性白带、血性白带、水样白带等都是不正常的。一旦发现白带长时间有异常现象，最好及时去医院进行检测。

除了月经以外的出血症状都应该值得注意，因为阴道出血是女性生殖道癌最常见的症状，被称为妇科癌症的"信号"。

腹部不适，经常在生活中感觉痛经，或者腰背部有疼痛感的女性都应该注意。这些你不在意的疼痛都是一些疾病的前兆。

妇科检查并不是什么丑陋的疾病，而且为了女性自身的健康，应该被女性朋友重视。另外，盆腔、阴道、卵巢等器官都是容易诱发妇科疾病的地方，女人一旦有任何的异样，一定要尽早配合医生，进行治疗，以免错过最佳时期。智慧的女人应该是从爱自己开始生活的，爱自己就为自己的健康做好监督，时刻关注自己的身体健康。

3. 便秘是癌症的"温床"，不可小觑

· 智慧女人私房话

美国《科学杂志》指出：长期便秘可诱发癌症。

便秘同妇科疾病一样，让女人们难以启齿。便秘不仅仅诱发癌症，同时还严重影响女性的容貌。首先就是皮肤问题，因为粪便在体内停留的时间过长，里面的毒素就会随着血液到处跑，这时外表的皮肤就会显现出干燥、没有光泽，并且出现雀斑和痘痘，头发枯黄干燥等现象。由于便秘还会导致肠道吸收功能的减弱，因此人体的吸收功能也无法正常运行，所以最后还会出现精神萎靡不振，口臭和肥胖等症状。

平时要如何判定自己是否患有便秘，又该如何治疗和预防呢？其实便秘很难根治好，只能靠平时改善饮食还有按摩肠道和清理肠道的运动。一般一周之内大便次数少于2～3次，或者2～3天才大便1次，粪便量少且干结的情况，被称为便秘。

按摩肠道要选择一个好的时间，一般情况下，人们在吃饭以后，肠胃会迅速运动，这个时候也是最自然的如厕时间。当然，并不是每个人都有这个习惯，你可以改变自己的如厕时间，不要等到想方便的时候才去上厕所，在吃完早饭后的15分钟后，不妨在厕所里蹲一会儿，在如厕的过程中，用按摩的方法刺激肠道，促进蠕动。

① 腹部按摩运动

首先需要搓热手掌，然后放在肚脐的下方、大腿根上方的位置，做圆形按摩，大约10～20次，同时用手指按压腹部。

② 腰部按摩运动

欧洲谚语："不要用珍宝装饰自己的身体，而要用健康武装身体。"

刘佳和刘颖姐妹两个大学毕业后，都开始参加了工作。两个人都很节俭，并每个月都将一部分钱定期地存进银行账户。刘佳是一个典型的"守财奴"，平时朋友有事情，只要是谈到金钱的问题，她一律不参加。但是妹妹刘颖却不同，虽然平时很节俭，但是该花钱的地方，她从来都不含糊。

刘佳用自己赚的钱开了一个鲜花养植厂，妹妹刘颖也自己创建了一个广告创意公司。为了能够使生意兴隆，刘佳打出了广告，买五盆花，赠送一盆花。但是很多人买了花，她却一盆都没有赠送过。后来，人们宁愿绕远道去别的养植厂，也不去她的鲜花养植厂了。刘颖的做法则是凡是来的顾客都会得到刘颖赠送的小礼物，很多人都喜欢去刘颖的广告公司。

一年以后，刘佳手中的钱没有什么变化，手中一堆闲置卖不出去的鲜花。但是刘颖的资金不断地在流动，虽然每一次都要付出一部分礼物钱，但是也赚了不少钱。刘佳的生意最后做不下去，只能找妹妹刘颖帮忙。刘颖说："你既然承诺要送一盆，就要做到。如果做不到干吗要承诺呢？"刘佳害羞地说："我这不也是为了吸引顾客嘛！"刘颖说："既然顾客因为你多送一盆花才来的，你不送人家自然就不会再相信你了。"

刘佳回去反省了自己，改变了自己"守财奴"的赚钱方式，按照妹妹的方法，果然她的鲜花养植厂成为了远近闻名的花厂。

太过于在乎金钱的女人，往往会不自觉地表现出自私和贪婪的一面。不管她们取得了多大的成就，总是嫌弃发财的速度太慢了，发财的"效率"太低，总是想着不劳而获或者少劳多获。在金钱的管理和支配上，只要有合理的方法，其实并不会影响金钱的积累。在创造财富的同时，要学会合理利用拥有的财富，因为如果利用得好，它就会成为你获得更多财富的筹码；相反，如果你吝啬手中的每一枚金币，那么最后它们只会成为仓库里废弃的金属。

第 16 章
学会投资，让口袋里的钱转起来

　　杨二车娜姆曾说："女人取钱不能手心向上，而应手心向下。"娜姆说的其实不只是赚钱，而是一种生活态度。赚钱容易守财难，会赚钱也要学会花钱，理财是一种新的生活观念，是自己的一个投资，其实理财并不是一件难事，重要的是开头的第一步，钱要花在刀刃上。女人要学会掌控自己的人生，第一步就是要学会理财投资。学会理财，懂得投资，享受生活，体味幸福。懂得投资的女人，才能够活得更从容。

1. 储蓄是"加法"，投资是"乘法"

· **智慧女人私房话**

彼得·林奇说过："当你所持有的好股票下跌时最好的办法是继续持有，更好的办法是在其下跌时再买一些。"投资不是简单地以钱赚钱，而是一门充满乐趣的艺术，是对一个人的灵魂和智慧的考验。

储蓄并不是理财的最好方式，想必稍微有点理财头脑的人都懂得这个道理。女人应该懂得把自己存起来的"死钱"变成"活钱"，因为存起来不动的钱就像一块丢失的金子，其实它和一块石头并没有什么区别。理财的积累需要储蓄，但是储蓄却不投资，钱就是死钱，储蓄起来的钱永远都不会让你成为百万富翁，因为钱就像水一样，需要流动，流动的钱才能创造更多的价值。洛克菲勒认为，资金在市场经济的舞台上最害怕孤独，如果把钱存进银行，让它静置起来，远不如进行合理的投资利用更有价值，更有意义。

女人想要让自己做一个精明的"管家婆"，除了管理好家中的财富以外，还要学会投资，至少应该有一项正确的投资，哪怕仅仅是一项小的投资。女人也要做生活中的"冒险王"，如果在财富上面没有这种冒险精神，只是将自己辛辛苦苦赚到的钱存进银行，却不进行投资，你存进银行的钱始终都是那些钱，它并不能帮你取得任何大的收益。

其实，喜欢把自己的钱存进银行的人，都会产生一种不思进取的惰性。因为在心里面会时刻都记着银行的保障，靠银行的利息来补贴生活费，实际上你的资金并没有因为你的储存而增长。这种储存资金的方式应该叫"坐吃山空"，不能让钱继续生钱。聪明的投资者都知道，资金的生命在于运动。洛克菲勒曾说过："要想拥有金钱，不但要学会储蓄理财，同时还要学会让钱生钱。"资金只有在进行商品交换时才产生价值，只有在周转中才产生价值。失去了周转，不仅不可能增值，有的时候也许还会贬值，失去原本存在的价值，所以，女人应该进行小投资，不要将储蓄作为一种嗜好，让自己的钱流动起来。

淑华和淑英姐妹两个是小村子里远近闻名的美人，姐妹两个都是当家的好手。淑华嫁给了村子里生活条件比较好的刘达，家里面开着小卖部，生活过得还算平稳。淑英嫁给了家庭条件很一般的大学生，夫妻两个一同在城市里给人打工赚钱。淑华不愁吃、不愁穿，亲戚都夸淑华有眼光，不用自己出去奔波赚钱。淑英在外打工，一年只能回一次家。

淑华将自己家赚到的钱都存进了银行，取一部分钱够自己家庭生活的费用。而淑英用夫妻两个人赚来的钱，一部分拿去和朋友合资开了一家酒店，剩下一部分钱都投到了丈夫新开的服装店。

一年下来，淑华银行存了近 3 万元钱，手中还有些余钱。淑英在酒店投入的钱，赚了 12 万的分红，丈夫的服装店还有 7 万元的收益。淑英找到姐姐，想要将赚钱的法子和姐姐淑华分享，淑华却觉得投入钱分红不太靠谱，赚钱是因为运气好，万一运气不好就会亏本。还是将钱存在银行里，稳赚不亏。

3 年以后，淑华家的生活也过得有滋有味，银行存款也达到 10 万元了。但是淑英酒店的三年分红已经分到了 60 万，自己的服装店也赚到了 51 万。淑英成为了村子里面第一个"百万富翁"，很多人都羡慕淑英，说她眼光好，嫁了一个好男人。

有人说："如果没有储蓄，生活就等于失去了保障。"但是如果太过于看重储蓄对于生活的保障，那么随着储蓄的增多，心理上的安全保障的程度就会越高，如果这样生活下去，那么心理的满足感就不会满足，就会不断地存钱，但是靠存款获得利息成为富翁的人，恐怕不多吧。

女人至少应该是知道的，存款和做人的道理很相似，把一个人才关起来养着，除了浪费粮食根本产生不了什么价值，也许还会产生很多垃圾。如果把他带出去，投身于各行各业之中，或许会赚到很多的利润，得到很多的经验。这个就是金钱做投资的道理，当你能够将自己的钱拿出去做投资，就会有意外的惊喜。一个人最后能拥有多少财富，都是难以预料的事情，因为投资能够让你的钱再生钱。

2. 思维方式直接影响投资结果

> **· 智慧女人私房话**
>
> 美国成功学大师拿破仑·希尔说："人的心灵能够构思到，而又确信的，就可以成为财富。"

在当今的社会上，有一种奇怪的现象。往往那些身居高位的职场人赚钱最多，工作也相对最轻松；而那些相对在底层工作的人，往往没日没夜地工作，却赚不到多少钱。作为女人，你要改变你的思维，这并不是什么不公平的事情，而是民间普遍流传的一句话"赚钱的不劳累，劳累的不赚钱"。致富没有捷径，但是善于思考却是致富的捷径。亿万富翁亨利·福特说："思考是世上最艰苦的工作，所以很少有人愿意从事它。你的头脑是你最有用的资产，但如果使用不当，它会是你最大的负债。"

女人想要投资致富，首先必须要让自己有一个会思考的经济头脑。

思考对于富人来说，是一种习惯，一种乐趣，更是一种财富。拿破仑·希尔在《思考致富》中曾经说过，最努力工作的人最终绝不会富有，如果你想变富，你需要"思考"，独立思考而不是盲从他人。富人最大的一项资产就是他们的思考方式与别人不同。而股神巴菲特更是将投资者盲目随大流的行为比喻为旅鼠的成群自杀行为。有句话说"没有穷困的世界，只有贫瘠的心灵"。想要致富的女人，就要有致富的头脑，还要有更正确的决策。

杰克是一个十分聪明的小伙子，但是一年前的一次车祸，永远地夺去了他的右腿。杰克的时间忽然变多了，但是除了读书和思考以外，杰克能够自己做的事情并不多。

为了能够再一次靠自己的双手赚钱，杰克了解到很多洗衣店为了防止衬衫变形，都会在烫好的衬衫背面加一张硬纸。于是他开始打听到这种硬纸的价格是每千张3.5美元。于是他就想，如果用这种纸的后面加印广告，再以每千张1美元的低价卖给洗衣店，那么就可以从中赚取广告的利润了。于是，杰克将自己的想法付诸了实践。

产品推出以后，杰克又发现了新的问题。很多人在取回干净衣服以后，都会将衣领的纸板丢弃不用，如何能够让顾客保留这些印着广告的纸板呢？于是他开始尝试在纸板的前面、后面印一些儿童游戏或者是主妇的美味食谱。

经过改进后，有一位丈夫在接受家庭消费采访的时候，居然抱怨说家里最近的洗衣费用激增。究其原因竟然是妻子为了搜集杰克的主妇美味食谱，把那些本来还可以再穿一天的衣服都拿去洗了。

致富的捷径其实就是一句话"用正确的思考去追求财富"。当一个女人可以理智地思考，自然会得出自己下一步的行动，针对那个目标再付诸行动。通过上面的故事，我们能够看出杰克通过缜密的思考和规划，为自己带来了客观的财富。其实，生活中的女人，无论你的学历高低，年龄大小，只要你乐于思考，勤于思考，就能够招来财富。只有转变自己的思维，你的脑袋才能为你的钱袋添加财富，才能为你自己想出一个增加财富的方法。

3. 不要将鸡蛋放进一个篮子里

· 智慧女人私房话

投资理财经典名言：不要把鸡蛋放在一个篮子里，除非你有花不完的钱。

世界首富比尔·盖茨就是一个"不把鸡蛋放在一个篮子里"的人，同时这也是他投资的聪明之处。中国有句话说："留得青山在，不愁没柴烧。"只要还有翻本的机会，就还有希望再次获取胜利。的确如此，女人在进行家庭理财的时候，尤其在投资方面，一定要记得不要将全部的钱都投放到一个地方去。纽约投资顾问公司汉尼斯集团总裁格拉丹特在概括盖茨的投资战略时说，投资者，哪怕是盖茨那样的超级富豪，都不应当把"全部资本押在涨得已经很高的科技股上"。这句话充分说明了，就连比尔·盖茨那样的世界超级富豪，为了分散风险和寻找最大回报，都不会将"鸡蛋"全放在一个篮子中。

从前，有个非常聪明的农夫，他要进城卖鸡蛋。但是进城的路非常难走，他为了不让鸡蛋在路上打破，于是将一篮子鸡蛋分装在很多个篮子中。等到他到达城里之后，打开装有鸡蛋的篮子，却发现只有一个篮子的鸡蛋破裂，而其余的篮子里面的鸡蛋都完好无损。

分散投资也属于一种理性投资，是为了缩小投资的风险而进行的一种投资方式。巴菲特说投资的关键所在是："你不需要成为一个火箭专家。投资并非智力游戏，一个智商 160 的人未必能击败智商 130 的人。理性才是投资中最重要的因素。"女人想要让财富增值，就需要投资，有投资就有风险。女人不能因为投资有风险就放弃投资，你可以选择在投资的时候，从小额开始，循序渐进。投资过多是大多数投资者失败的原因之一。

联合利华是一家有着 100 多年历史的老牌公司，它经久不衰并成为"世界食品工业之王"。它之所以能获得如此巨大的成功，与其经营方针和管理体制是分不开的。联合利华的许多名牌商品走俏世界，但没有冠以统一的联合利华的商标，都以独立的形象出现在消费者面前。商品多样化和商标多样化是联合利华经营的一大显著特点，也是它最巧妙的经营之道。

联合利华为了避免商品和商标单一和呆板，能够给消费者一个丰富多彩的感觉，满足了人们好奇的心理。当然，这样做还有一个好处就是，避免了一种商品品牌牵连公司其他商品品牌，这样也能够减少公司的商品风险。联合利华的高明之处还在于即便那是同一类的产品，也会具有几十种不同的品牌，是公司始终处于"东方不亮西方亮"的有利地位。

其实，女人在生活中的投资中，就可以学习联合利华的经营之道。将家中的余钱进行分散投资，这样也可以避免其中一部分失败，剩下的部分不至于完全输掉。类似于分散投资的理念和做法由来已久。根据《亚洲华尔街日报》报道，比尔·盖茨分散和管理在旧经济中的投资组合共值 100 亿美元，资金大部分投入债券市场，特别是购买国库券。而股票下跌的时候，政府债券的价格往往是由于资金从股市流入而表现稳定而上升的，这就可以部分抵消股价下跌所造成的损失。

投资不在于有多少钱，关键还在于能够理性投资。比如在投资的时候，应该注意分散投资，减少自己的投资风险。

第六篇

家庭篇:相爱为属睦为亲

　　一个聪明智慧的女人,应该懂得享受自己的家庭生活,在家庭生活中找到自己的幸福快乐。家庭生活对于女人来说,是人生中最重要的一部分,女人如果能够拥有一个和平快乐的家庭氛围,对于事业和其他方面都具有巨大的帮助。父母、孩子、爱人以及一切身边最熟悉的亲朋,他们都需要你的热情和时间。要知道亲情就像一个静静的港湾,让你消除远航的疲惫。永远都不要冷落和放弃你的亲人,要用爱和信任、用真诚和热情去维护你的亲情。

第 17 章
血浓于水，家人是一笔无形的财富

　　家庭生活中，女人除了要爱护自己的爱人和孩子以外，最需要关注的就是你的父母。没有父母就没有你的今天，父母才是成就你今天的一切源头。无论你的工作有多忙，无论你会少赚多少钱，陪父母的时间是不能缩减的。抽时间给父母打个电话，看看你最亲近的人都有哪些变化。亲情是世界上最灿烂的阳光，无论你走得多远，飞得多高，亲人的目光总是在你的背后。

1. 养儿方知报母恩，是时候 "尽孝道" 了

● 智慧女人私房话

英国伦敦大学心理学家多萝西·埃诺博士说："母亲那种献身精神、那种专注，灌输给一个男孩的是伟大的自尊，那些从小拥有这种自尊的人将永远不会放弃，而是发展成自信的成年人。你有这种信心，如果再加以勤奋就可以成功。"

母爱是人世间最温暖和最无私也是最持久的爱，相对于父爱的深沉，母亲的爱显得更加的壮烈。她为了你，经历了十月怀胎的艰辛和分娩阵痛的苦楚。而且在你出生以后，还要十几年如一日地养育你。在这期间她遭受了多少苦，受了多少难，但是她心甘情愿、毫无怨言。你一定要记得，对你的母亲说声 "谢谢"。

你有没有注意到，无论是要远行还是外出求学，母亲总是你背后那个越来越模糊的身影。你回头一直看着她，虽然车已经走远了，但是在那遥远的始发地依旧能够看到清晰的 "黑点"。当你在生活中出现了苦难，有了什么心事，总是把自己当成孩子一样，依偎在母亲的怀里哭泣，并认为这是天经地义的事。母亲一边嘲笑你永远长不大，内里却一直为你担心，并陪同你一起掉眼泪。不管你身在何方，你永远都是她的心头肉，无论你对她的爱如何改变，她对你的爱永不改变，也不会减少。

玛利亚的母亲是两个孩子的妈妈，有一件事至今放在玛利亚的心头。妈妈每天晚上，都会为玛利亚铺床，即使她已经不再是小孩子了。接下来她还有永恒不变的习惯：她会弯下腰，将玛利亚的头发拨开，

然后亲吻她的额头。她已经不记得从什么时候感到厌倦，厌倦母亲拨开她头发的方式。她那双因为劳动而磨损变粗的手，触碰到玛利亚的皮肤，令玛利亚再不能忍受，大喊道："别再碰我，你的手好粗。"从那以后，母亲再也没有用玛利亚熟悉的方式结束她的一天。

虽然，后来玛利亚躺在床上，久久不能入睡，自己的话始终折磨着自己，但是骄傲取代了她的良心，她从来都没有因为这件事而向母亲道歉。

很多年过去了，玛利亚已经有了自己的家庭，妈妈也苍老了，是一个70多岁的老人。玛利亚的孩子都已经在外地读书了，即便是重要的节日也不会回来，玛利亚便和母亲一起过节。看到母亲弓着腰在厨房里面洗菜，玛利亚终于鼓起来勇气，她走过去握着母亲的手，轻轻地在她的额头上吻了一下，并为那晚的事情道歉。出乎意料的是，母亲竟然不知道她在说什么。而且母亲不记得这件事，也早就"原谅"了她。

玛利亚此后每一个夜晚都睡得很安稳，那长久以来的罪恶感也消失了。她有时间还会为母亲洗脚，而母亲总是退缩着说自己洗，当玛利亚抓起母亲脚的那一刻，她流泪了。母亲的脚很粗糙。她感觉到有一滴温热的水滴掉在了自己的脖子上，抬头看去，母亲急忙把脸别过去。

母亲是伟大的，不管孩子犯下了多大的错误，都能够用一颗宽恕的心去容纳。也许你的母亲和玛利亚的母亲一样宠爱你，也许你像玛利亚一样，也曾经做过那样伤害过母亲的事，但是可以肯定的是，你的妈妈对你的爱不会少于玛利亚的母亲对她的爱。所以，不管你现在的年龄多大，也不管你成家没有，无论你身在何方，都不要忘记常回家看看，对你的妈妈说一句"谢谢"。

2. 父爱如山，肩负一切的"背影"

· 智慧女人私房话

贝多芬说："使你父亲感到荣耀的莫过于你以最大的热诚继续你的学业，并努力奋发以期成为一个诚实而杰出的男子汉。"在你羽翼丰满的时候，请转过身来，照顾一下那个一直默默保护你的人。

从古至今，赞美母亲的诗篇多如牛毛，但是写给父亲的却极少。因为母爱壮烈而无私，和母爱比起来，父爱显得深沉而粗犷。很多人都读过朱自清的《背影》，从朱自清的文中体会到了父亲的爱，实际上天下所有的父亲无不爱着自己的儿女。很多女人在人生的十字路口徘徊、犹疑不决的时候，都愿意听从父亲的意见，因为女人往往觉得父亲更加可靠和安心。男人承受了太多的社会压力，让父爱表现得并不绚丽。也许你小的时候曾经或多或少地怕过你的父亲，但是你有没有感受到父爱都是最具男子气质的爱？

在生活中，父爱和母爱有明显的互补性，母亲的感性和父亲的理性，让种种不够完善的准备都变得天衣无缝。很多女孩子小的时候都受到过父亲的宠爱，父亲在女儿的眼中，永远都是家中的顶梁柱，是生活的全部。然而，在父亲年老的时候，却反过来需要女儿的照料，但他总是倔强地坚持着，因为他会担心女儿不像小时候那样崇拜自己。女人在生活中，遇到了问题，最多的是向母亲唠叨，但是却向父亲请教解决方法。而父亲总是能够站在你的角度，给你提供一些有重大帮助性的意见。

康娜娜回忆起小时候对父亲的感觉，她说："我爸是一个沉默寡言的人，而且非常地严肃，我没有听他说过喜欢我、爱我，他也从来都没有表扬过我，所以我从小就很怕他，并且不喜欢他。"听到康娜娜的话，周老师笑了。他点头，说："我小的时候和自己的母亲比较亲近，父亲总是忙，有的时候还很严厉，我也怕他。"两个人提到自己的父亲都是惧怕的感觉。

康娜娜说："小时候放学回家找几个小伙伴一起玩过家家，被我爸发现，狠狠地训了一通。那时候毕竟人小，而且生性顽劣、自制力差、又贪玩，爸爸没有给过我几个好脸。"周老师听了后赞同地点点头。

康娜娜继续说："那个时候一直觉得老爸就是很无情的样子，后来听姑姑说，有一次我妈妈不在家，我贪玩，被邻居家的大铁门砸到了下面，当时我爸疯了一样冲上去，抱着我就往医院跑，在抢救室的外面，他第一次哭成了泪人。"说到此处，康娜娜的眼睛也有些湿润了。周老师鼻子一酸也附和着说："我哥得了绝症，得到这个消息的时候，我爸躲在无人的地方，偷偷地落泪，眼睛都哭红了。"

康娜娜继续说："后来我上了大学，很少回家，每一次回家妈妈都准备了一桌子的好菜，然后和我说，爸爸在家不让吃这些，都给我留着。但是在读大学的时候，每天老妈都给我打电话，老爸从来没有打过。妈妈说，每一次拨通了我的电话，老爸都站在旁边听着。"讲到老爸的话题，两个人都说不完。

父母亲对于女儿的关心和盼望是相同的，但是父亲对于孩子的关心方式却与母亲不同。母亲更多地关注孩子的衣食住行、身体健康、婚姻幸福，而父亲关心的是孩子的事业和自身的发展，孩子的所思所想。女儿不仅仅要做母亲的"小棉袄"，更要做父亲的知心人。有时间和你的父亲下棋或者打牌，投其所好，将礼物送到父亲的心坎儿上。你有没有发现，你买给父亲的衣服或者剃须刀，他总是说你胡乱花钱，然而在你刚刚离开几步，他就会和别人炫耀，女儿给自己买的这些"宝贝"。

女人，无论你现在已嫁作人妇还是单身未婚，都应该多与你的父亲沟通，让他明白并且理解自己对生活的态度和看法，不要总是觉得父母就应该安心养老，生活环境好就可以了。实际上他还是很渴望知道孩子的想法和打算，并希望自己对孩子有所帮助的。

3. "走动"亲戚，防止"边缘化"

· 智慧女人私房话

亲人之间的相处是越走越近，越处越亲。如果不走动，即便是有血缘关系，也会逐渐边缘化。

现在人们的生活节奏越来越快，生活空间也越来越大，接触的人也越来越多。又由于互联网的发达，很多千里万里见不到面的朋友也能够亲上加亲，反而那些与我们有着血缘关系的亲戚却变得有些陌生了。人与人之间是需要互相联络的，有人说："距离产生美"，实际上距离产生了，美没了。很多陈年老友都是由于不互相走动，所以最后才越来越陌生，逐渐地淡出自己的生活。作为亲戚，实在是不应该不联系、不走动。

遇到节假日的时候，带着孩子走访亲戚，女人少不了要多加安排。撇去自己的上班时间，一定要抽出时间，带着一些补品和礼物，到亲朋好友家转一转。有句话说"远亲不如近邻"，这句话就是因为邻居距离近，每天见面，常常走动，所以才比那些时常见不到面有血缘关系的亲戚还要亲。俗话说得好，人人都逃脱不了一个"情"字，亲戚之间更是如此。见了面才能互相慰问、互相交心，才能更好地交流。良好的亲戚关系必须从点滴入手。

懂得享受亲情的女人必须明白，礼物只是增加感情的途径，重要的不是礼物本身，而是其中包含了浓浓的情意，所以千万不要让你的亲戚为难，也不要让自己为难，要懂得让自己的亲人舒心。亲人之间要怎样的礼尚往来呢？

① 根据自己的财力和亲戚、朋友的家庭需求来选择礼物

在送亲人礼物的时候，不需要礼物贵重，重在真心诚意。撇去重金的礼盒，千万不要什么贵就买什么，也不要去效仿别人为自己的亲人买礼物。对于亲人之间的礼物，以实用性为主。比如，亲戚家盖房子，那么你就送盆栽；亲戚要全家组织旅游，你可以送防晒霜、旅行箱等。你这样细心的礼物要比你"随大流"地送贵重礼品更让亲人感动。

② 图书是任何关系、任何情感的人都适合的礼物

图书的好处很多，无论送什么人都不会显得寒酸，反而显得真诚和实际。这要比你送烟酒健康，比你送衣服和鞋要低调，比你送水果和保养品庄重。

③ 亲人之间组织联欢，升华感情

每当有节假日或者寒暑假时期，举行一个亲人旅行团或者家庭乒乓球比赛，既锻炼身体，又不会太破费，而且又很有意义。有的时候也可以家人之间摆个酒席，做几道小菜，吃一顿饭、唠唠家常，交流一下彼此之间的感情。

④ 和亲人之间"讨"点小礼物，不要太破费

如果你送了亲戚家礼物，为了不让对方破费，可以向对方要点小咸菜，对方家做的好吃的油茶面等。这样既可以加深与亲戚之间的感情，又能够让亲戚节省消费，一举两得。

礼尚往来是亲人之间增加情感的重要方式，女人一定要明白，亲人之间都是越走越近，越处越亲的。只有掌握了亲人之间的相处之道，才能感受到人生的道路上有亲人陪伴的美好，女人的生命也会因此而更加地美好和幸福。

4. 亲人之间，不要搞"亲"和"疏"

·智慧女人私房话

《新结婚时代》中，顾母曾说："你嫁给他，就等于嫁给了他全家，嫁给了他所有社会关系的总和!"

亲戚关系是仅次于家庭关系、夫妻关系、兄弟姐妹关系的一种重要的人际关系。在处理亲戚关系上，夫妻常常发生不同意见，特别是对待各自亲属会出现不同的态度，这也是导致夫妻关系不和、家庭不睦的直接原因。对于已婚女人来讲，一定要格外地注意，对待夫妻双方的亲戚，应该一视同仁，绝不能厚此薄彼。夫妻二人既然结婚成立了新家庭，双方的亲属就是这个家庭的共同亲属，如果不能一视同仁，在道理上是说不通的。

女人不要只是注意维护自己一方的亲属，而不愿意与老公的亲属来往，这样只会让你的男人在亲属面前丢面子、难堪，还会在一定程度上影响家庭关系。现实的生活中，很多女人只对自己的父母、兄弟姐妹好，而对自己老公的父母和兄弟姐妹就另眼相待。给彼此之间的父母生活费都不成比例，有的女人甚至对老公的父母"一毛不拔"。要知道如果没有对方父母的辛勤哺育，怎么会有你与爱人之间的完美姻缘和幸福生活。人人都有父母，所以绝对不能在彼此的亲人方面搞"亲"和"疏"。

秋兰是一个出生在城市里的女孩，大学毕业后，嫁给了老公秦晋。

老公出生在北方的农村，全家勤苦供他读大学，在秋兰的城市工作。秋兰没有城市里人的骄傲，所以在结婚的时候，也没有觉得自己和秦晋之间有什么背景差异。

婚后，秋兰怀孕在家，秦晋的妈妈到城市里帮忙照顾秋兰。秋兰因为婆婆将家人的衣服一起放在洗衣机里洗，和婆婆不高兴了。后来又因为婆婆将她养的狗偷偷地拿到集市上卖了，从此便和秦晋的亲戚关系很不和谐。

秋兰的妹妹结婚，秋兰和秦晋去参加酒席，给妹妹添置了一台电脑，外送彩礼 2000 元。夫妻二人在公司请假三天，整整帮着忙活了 3 天才回家。秦晋妹妹结婚的时候，秦晋要秋兰提前和公司请假，秋兰却说："妹妹结婚，又不是你结婚，请什么假啊？请一天假扣 100 多块钱呢！"秦晋心里有些不高兴，但是没有说什么。妹妹结婚的前两天，秦晋朝秋兰要 2000 元彩礼给妹妹带过去。没想到秋兰却说："什么？要 2000 元钱，我一个月工资才 2500 元而已啊！你妹妹嫁给农村人，要那么多钱干吗啊？"秋兰的话让秦晋很生气，两个人吵了起来。

秋兰的妈妈过生日，秋兰让秦晋买了 200 元的蛋糕送去，还特意为母亲挑选了一件漂亮的衣服作为生日礼物。但是才隔了一个月，秦晋的妈妈过生日，秦晋要去买蛋糕，秋兰一脸的不高兴，并生气地说："她都不爱吃蛋糕，干吗要浪费那钱？"秦晋这一次真得被秋兰惹怒了，一巴掌打到了秋兰的脸上，结果两个人吵得更加凶，最后居然闹到要离婚。

在现实的生活中，很多女人都不去顾及老公的亲友，却对老公提出了种种不合理的理由。似乎男人与她结了婚，就要跟以前一切有血缘关系的人说拜拜。聪明的女人在这种情况下，会主动与老公的亲戚交好，并对彼此之间的亲戚不分厚薄。要知道如果你让老公的生活过得难以忍受，你的生活也不会太如意。一个女人如果想让老公对自己的感情充实而长久，就应当主动对老公一方的亲戚表现出一定的热情和关心。

5. 以诚相待，让婆婆视你如己出

· 智慧女人私房话

作家曾子航说："媳妇跟婆婆相处的'不三不四'原则：所谓'不三'就是不张扬，不挑剔，不冷淡，'不四'就是'不把婆婆当外人，不把婆婆当男人，不把婆婆当妈，不把婆婆当老妈子'。"

自古以来，最难相处的关系就是婆媳关系了。婆媳关系之所以相处不容易，主要还是在于婆婆是否能将儿媳视为女儿，儿媳是否能够像孝敬父母那样孝敬自己的婆婆。曾子航认为，中国的婆媳关系普遍紧张，根子是出在婆婆这里。但是很多婆媳却不懂这样一个道理：你们合不来，是因为骨子里婆婆和儿媳是一样性格的人。其实女人如果想要让婆婆把你当作亲女儿一样看待，最重要的一点是要孝敬婆婆，更要重视她的存在和地位。你要把老人当回事，有什么事情首先想到她，真正地把她的事情当成自己的事情。

在家庭中，要进退恭谨，不搬弄是非。最重要的是不要向丈夫抱怨和搬弄是非，因为你说的话一定会传到婆婆的耳朵里，同时也会在丈夫的心里降低你的分数。要努力地培养与婆婆之间的共同爱好，因为这样更加便于交流，也能够让婆婆将你当作自己人。如果你能通过共同的兴趣和爱好来和婆婆交朋友，成为忘年之交，那么才是真正地走进了彼此的心里。在日常的生活中，要多关心婆婆的健康，了解她的性格和生活方式。这样才能更好地与她相处，并且要做到投其所好，给她送点小礼物。

欣欣与婆婆本来关系挺融洽的，但是后来共同生活一年后，婆婆就经常为一些琐碎的小事开始责骂她。欣欣的丈夫是个孝子，对于妈妈对欣欣的责骂，从不吭声。这让身为妻子的欣欣觉得非常地苦恼和气愤。

婆婆退休在家，买菜、做饭等家务都一手操持。这几天婆婆的身体不适，让欣欣烧饭做菜，欣欣就答应下来。欣欣每天早起、晚睡将饭菜弄好，家务做好，一切都很正常。这一天恰巧是周六，欣欣就稍微起床晚些，这时候婆婆已经做好了早饭，还没等欣欣开口解释，婆婆便生气地说："做个饭都三天打鱼，两天晒网，还能做什么啊？"

有一次，欣欣买了一件 3000 元的羊绒大衣，她兴致勃勃地展示给老公看，结果婆婆在一旁说："这也太奢侈了，3000 块钱都够农村人生活一年衣食无忧了。"老公也附和着说："是啊，欣欣，你的衣柜里不是还挂着 3 件大衣呢？"听到了这些，欣欣生气地喊道："够啦！我花我自己的钱，不要你们娘俩合计着来教育我。"

其实，婆媳关系不和，婆婆和儿媳都爱着一个共同的男人。女人，你必须知道你的男人还是她养了多年的儿子。所以在婆婆的面前不要总是和丈夫亲热，这样会让婆婆感觉儿子娶了媳妇之后就疏远了母亲。对待老人其实很简单，嘴巴甜一点，老人也是需要哄着来的。对于寡居的婆婆，你更不要在她的面前表现得很亲热，她容易触景生情。她会觉得你把她的儿子迷住了，以后就会不听她的了，或者觉得你带坏了她的儿子，她就会看不惯你。

作为儿媳，你聪明的做法就是将婆婆与自己的妈妈同等看待，千万不要厚此薄彼。这样婆婆才会觉得你很贴心，才会将你这个媳妇放在心里。婆婆与媳妇之间有代沟是一定的，但是沟通却是架起彼此之间心灵的桥梁。这座桥梁不是我走过去顺从你，更不是你走过来顺从我，而是大家在中央会面。作为儿媳，要多与婆婆交流，让她能够了解自己的想法、看法和感受，这样也能够减少因为某些事件不统一，而产生彼此不和。

第 18 章

将心比心，
用多角度的方式去观察孩子的丰富内心

　　教育孩子是一件十分复杂的事情，也是一项伟大的事业，"望子成龙，盼女成凤"是普天之下为父母者最大的心愿。作为孩子的母亲，女人是教育孩子的重要人员之一。每一位母亲都希望将自己的孩子教育成有出息的人，都希望将最好的给孩子。因此，在教育上母亲们总是不遗余力，但是，错误的教育方式往往适得其反。在日常的生活中，老百姓常说"一把钥匙开一把锁"，这在教育孩子时也是一样。你有没有想过，你真的了解你的孩子吗？你真的知道他们渴望成为什么样的人吗？你知道如何引导你的孩子吗？在日常生活中仔细观察孩子的习惯和特点，并将优缺点分析出来，在优点上面鼓励和支持孩子去做，在不良的方面引导和开导孩子走出来。

1. 别拿孩子当"赌注"

　　有人说"母凭子贵"，现在很多女人都在讨论这样的话题——"我的孩子正在学钢琴"、"我的孩子正在学舞蹈"，妈妈们为了让孩子能够多才多艺，将孩子送去这样那样的培训班，究竟是孩子喜欢学还是母亲为了自己？很多女人在结婚前，还在凭借着自己的努力做着自己喜欢的事情，一旦结婚生子，成为了妈妈后，就会被家庭所束缚，很难再实现自己的梦想。所以，很多孩子就悲催地成为了母亲梦想的延续。在孩子没有为自己做任何选择的情况下，母亲就为孩子选择了一条路，这条路就是母亲想要走却没有走上的路。

　　作为女人，你有没有想过，孩子也有自己的生活，也有为自己选择生活的权利？不要自以为对孩子的前程有好处，就将自己的意愿强加给孩子。为什么现在的生活中出现了那么多叛逆的孩子，出现了那么多不孝顺的孩子？其原因很大一部分在于此。女人，实在不应该将自己的心愿寄托在孩子身上，而应该靠自己努力的实现愿望。与其精心"调教"，不如躬亲"感染"。让孩子看到一个为自己梦想努力拼搏的母亲，给孩子一个真实的教育。

　　乔璐是一个中年妈妈，家里面的生活条件很不错。乔璐的儿子从小和爷爷、奶奶一起生活，条件优越还倍受宠爱，整天调皮捣蛋，毫无礼貌。

一天，儿子和乔璐在街上走，儿子把随手的垃圾扔在了地上，乔璐二话没说，捡了起来扔在了旁边的垃圾箱中，旁边路过的人群都用异样的眼光看乔璐的儿子，儿子看到了妈妈的举动有些不自在。

还有一次，在公交车上有个空座，儿子一把将乔璐推过去坐下，乔璐赶忙站起来让给了旁边的大娘，大娘急忙谢谢乔璐，乔璐说："我儿子刚刚怕这个座位您坐不到，还故意地让我帮您占一下，呵呵，总是这么调皮。"大娘急忙拉着乔璐儿子的手，笑着说："多好的孩子，都是好人啊！"儿子第一次受到了外人的夸奖，又一次不自在地红了脸。

孩子暑假快要结束的时候，乔璐带着儿子出了小区门口，有个小孩子随手将垃圾扔在地上，乔璐的儿子走过去急忙捡起来扔在垃圾箱中，门卫的大爷看到了竖起大拇指说："现在这样的小孩真是素质高，好样的！"乔璐的儿子看着大爷第一次感受到了礼貌的回报，再看看妈妈乔璐，两个人都笑了。

著名作家纪伯伦在他的《先知》一书里有过这样的描述：

"你们可以给孩子以爱，却不可给他们以思想，因为他们有自己的思想。你们可以荫庇他们的身体，却不能荫庇他们的灵魂，因为他们的灵魂，住在'明日'的宅中，那是你们在梦中也不能相见的。你们可以努力去使他们模仿你们，却不能使他们来学你们，因为生命是不能倒行的，也不与'昨日'一同停留。你们是弓，你们的孩子是从弦上发出的生命箭矢。那射者在无穷之中看定了目标，也用神力将你们引满，使他的箭矢迅疾而遥远地射了出去。让你们在射者手中的'弯曲'成为喜乐吧；因为他爱那飞出的箭，也爱那静止的弓。"

英国著名心理学家彭内鲁普·里奇说："家长的角色，如同登山指导者的角色，不要不顾年幼的登山者又踢又哭，一个劲地拉着他直往山顶攀登。"抚养孩子，就是让孩子自己去感受生活，选择自己的路，而父母能够做的就是在孩子的身旁给予帮助。作为一个合格的母亲，一位好的母亲，你应该关注孩子有怎样的梦想，然后再去帮助他实现自己的梦想。孩子和幼苗一样，不会完全按照父母的想法去成长。不要替你的孩子选择生活，就像你的孩子不能替你活一次人生一样。

2. 女人爱孩子，但别"溺爱"孩子

* 智慧女人私房话

伊利诺斯大学儿童教育学教授莱昂内尔·开茨说："家长事事依着孩子，对孩子没有较高的要求，在这样的氛围中生活的孩子长大成人后，很有可能会处处以我为中心，而且很容易放纵自己。"

天下的父母都爱孩子，却未必会爱孩子。邓颖超曾说："母亲的心总是仁慈的，但是仁慈的心要用的好，如果用不好的话，结果就会适得其反。"作为孩子的母亲，如果过分地关心和溺爱孩子，实际上是在剥夺孩子遭受适当挫折、困难和学习爱护别人的权利。在溺爱中成长的孩子，只会享受，不知奉献；心中只有自己，没有他人。母亲"爱"的种子就这样结出了"恨"的果实。很多女人愿意做孩子的"保护伞"和"避难所"，眼中全无是非观念，这是最后造成家庭不睦的直接原因。

现在很多家庭都是独生子女，对于孩子的溺爱就更加明显了。正如专家所说："深度的爱比极大的恨对个性造就的扭曲更大，因为前者很难被溺爱的对象反抗，而这恰恰是中国独生子女家庭的普遍特点。溺爱，其实是一种失去理智、直接摧残儿童身心健康的爱。"家庭心理

学及专栏作家约翰·罗斯蒙德说:"家长的关爱就是孩子需要的维生素,但家长应当牢记,孩子需要正常剂量的维生素,缺它不可,过多无益。"

李波生活在比较富裕的家庭中,父母都是开金矿的。从小他就有优越感,上学放学都是名车接送。李波的爸爸在外工作赚钱,妈妈特别大方,对李波很溺爱。只要李波成绩好,要什么给什么,用多少钱都可以。

父亲在外喝酒谈生意,李波就在家中宴请同学吃饭,而且有时也学着父亲喝两口酒。妈妈看到了儿子喝酒,从来都不干涉,反而夸儿子"真行"。儿子考大学,夫妻二人就不惜重金找人托关系,使得李波产生了特殊的优越感,在家如小皇帝一般,口袋中装满零用钱。

先天的优越感养成了李波"衣来伸手,饭来张口"的性格,到了大学居然还不会自己洗衣服。只要和同学有矛盾,必然先翻脸,或者花钱找人帮忙摆平。

有一次,因为一个女孩,李波花钱找人打了同一个系的男孩,由于打架的时候,下手过重,男孩在送往医院的过程中,不幸身亡。李波最后被送进了监狱,他也带着父母对他的希望进去了。

斯坦福大学著名教授威廉·丹蒙说:"处处为孩子着想,已经成为不少家长溺爱孩子的冠冕堂皇的理由。"很多女人对于孩子的溺爱要远胜于孩子的父亲,中国有句古话说:"慈父严母多忠孝,严父慈母多败儿。"可见母亲的教导对于孩子来说有多么地重要。教育学者裴秀芬说:"关怀强迫、溺爱过度其实也是一种软暴力。"母亲在培养孩子的过程中,过分地溺爱孩子,只会为自己培养出"小霸王",因为在溺爱中的孩子,不懂得关心和孝敬父母,其实你也是在为自己未来培养敌人。

3. 书籍是替代"玩具"的最好礼物

· 智慧女人私房话

　　罗得岛大学图书馆长拉夫特说："热爱读书，是你可以赠给孩子的最伟大的礼物。它比你花很多钱安排孩子上私立学校更有效，比你赠给孩子一台电脑更管用，甚至比获得哈佛大学的学位更实用。"

　　阅读的好处有多大？对于孩子来说，阅读可以打开孩子的视野，可以促进孩子的想象和心智的成长。阅读的内容便是好的书籍，作为优秀的妈妈，如果能够给孩子送出这份礼物，比任何昂贵的教育、漂亮的玩具以及世界上最好玩的过山车都有价值。曾经有位教师做过一个这样的统计，小学六年，共 12 册教材，每册教材的课文一般不超过30 篇，每篇平均 800 字，那么无论哪一套教材，孩子如果只读学校的教材，他的阅读量只有不到 30 万字，数字可以说是最有说服力的，那些教材能够完全地打开孩子的视野吗？

　　作为母亲，对于孩子的教育是潜移默化的。能够送给孩子一套书籍，对于孩子来说是最珍贵的礼物。比如《安徒生童话全集》、《格林童话全集》，这样的书籍不仅趣味性浓，而且孩子的智慧和文化素养都能够从中得到提升。人类的精神文化、智慧是在阅读中一代代传承的，作为家长，千万不能忽略了孩子的课外阅读。如果说，学校强调的是"精读"，那么，在家里，孩子还需要"博览"，需要广泛的阅读，让孩子打开书，寻找奇妙世界的钥匙吧！

　　著名教育学家、新阅读研究所名誉所长朱永新教授表示："给不同年龄段的幼儿推荐适合的图书，是一个很不容易做好的工作。这既要综合考虑到幼儿不同阶段的心理和思维的特点，又要考虑到孩子们对故事书、图画书的理解和接受程度，还要考虑到图书品质的水准和阅读结构的合理性，更要考虑到对孩子生活习惯、想象力、好奇心和兴趣的培养和引导等。"

如果送给孩子一个玩具，也许他会很高兴，但是玩具玩几次就坏了，而且孩子天生对于新奇的物件比较感兴趣，今天喜欢的是遥控飞机，也许明天就酷爱遥控赛车了。玩具虽然多种多样，但孩子从中得到的快乐都是肤浅的。倘若孩子能够得到妈妈送的书籍，从书中学到的知识是一辈子都不会忘记的，并且对他以后的人生也有很大的帮助。所以，女人爱你的孩子，就用书籍来取代玩具，送给孩子一套书籍，是对孩子最好的爱护。

4. 孩子的成长，不需要"保姆式代劳"

· 智慧女人私房话

婚姻中的女人一个很重要的作用就是对孩子进行教化。当然，这个女人一定是要学识不在保姆之下，其他条件也能和保姆比肩的情况下才有可能进行的。欲轰轰烈烈地改造孩子的女人是愚蠢的，聪明女人是在孩子舒舒服服愿意接受的情况下才会说出自己的意见，这是需要智慧的。女人首先要把孩子研究透彻，再对症下药，才有可能起到作用。当然，儿童心理学一定要学得好，这是关键因素。对孩子来说，女人能否是个好学校，关键是女人的综合素质以及管理能力的大小。

如果说孩子不会洗衣服，家长可以代劳；孩子不会劳动，家长也可以代劳。但是孩子要成长，家长你能代劳吗？对于孩子的溺爱，女人有的时候表现得极为明显。即便是在大学的校园里，我们也不乏看到，新入学的大学生在遮阳伞下喝着冰凉的可乐，然而烈日下暴晒、排着长队、扛着行李的却是孩子的母亲。女人习惯了全方位照顾孩子，所以往往和母亲长大的孩子，一般都性格软弱，没有冒险精神和胆小。

美国耶鲁大学的科学家最近做的一项研究成果表明：由男性带大的孩子智商高，他们在学校里的成绩往往更好，将来走向社会也更容易成功。为什么会有这样的研究结果，这充分说明了女性在孩子的教育中，溺爱最为严重。孩子在跑步的时候摔倒了，母亲的反应是立马跑过去，抱起来，并询问孩子疼不疼，磕破了没有？而父亲则是原地不动，让孩子自己爬起来。实际上，父亲在教育孩子方面有更强的目的性。想要培养孩子的品质、才能，父亲心中一般都是有计划的，而母亲在这方面就要差一些。大多数的母亲对孩子都有较高的期望，但是在实际的教育中，母亲往往显得无计划。

佳诺是一个 5 岁的小女孩，正在读幼儿园的中班。老师经常和佳诺的妈妈反映佳诺的胆子太小了。希望能够在家里面的时候，对佳诺进行一些教育，或者鼓励，能够让她成为一个胆子大的女孩子。佳诺的爸爸听到了这些，总是和佳诺的妈妈说："你在家教育孩子，我哪有时间啊，我不出去赚钱，咱们都围着一个孩子转，以后谁来维持这个家的运转啊？"因为佳诺的爸爸工作忙，所以，佳诺一直都是跟着妈妈一起。

佳诺的表妹欣凝却总是在班级里受到老师的表扬，老师经常和欣凝的父母说："欣凝在班级里很积极，做什么事情都很有兴趣，虽然淘气了一点，但是孩子学什么知识都记得特别快。"两个孩子的父母经常聚在一起喝酒吃饭，在一次吃饭的时候谈到了孩子的教育问题。饭桌上，小佳诺坐在餐桌上，低头吃着饭。佳诺的妈妈不时地给她夹菜，并嘱咐她："慢慢吃，别着急。"而佳诺的爸爸却不停地在和欣凝的父母以及其他人聊天。

欣凝的爸爸一会儿摸一下欣凝的头，一会儿说："宝贝，猜猜这道菜是谁最爱吃的？"小欣凝看看菜淘气地说："唐太宗李世民还有我老爸……"看到这一幕，大家都笑了。佳诺的爸爸却很疑惑地说："宝贝这么小却知道这个历史，你们平时怎么教育的？"欣凝的爸爸说："我和她妈妈轮流一人带一周，无论多忙，都会挤出时间来。我和欣凝在一起的时候，每天晚上给她讲一个历史故事。"

佳诺的爸爸听后点点头，这个时候"咣"的一声，欣凝由于淘气摔倒了，欣凝的妈妈皱了一下眉头，欣凝的爸爸说："坐着都不老实，自己起来。"坐在地上委屈的孩子自己慢慢爬起来。佳诺由于吃饭噎到了，咳了几声，佳诺的妈妈急忙说："怎么了，是不是感冒了？"然后摸了摸佳诺的头。

实践证明，日常的生活中，孩子往往会依赖于自己的母亲。因为母亲对于孩子的关怀是无微不至，细心到了无以复加的地步。这种关心导致孩子缺乏自主性，胆小、怯懦。作为女人，对于孩子的培养和教育方面一定要敢于放手，不要拒绝孩子的课外劳动。平时要多鼓励孩子的动手能力，无论是家里还是学校，有劳动让孩子自己去完成，不要像保姆一样，管到吃饭、睡觉、穿衣，这样对孩子百害而无益。

5. 知己知彼，谈心才知心

• 智慧女人私房话

沟通是避开误解的首要条件，交流是了解的前提。不能沟通的两个人之间，就像筑起了一面高高的厚墙，彼此之间的陌生感就会加重，你看不清对方，对方也不能明白你。

高尔基说过："谁最爱孩子，孩子就最爱谁，只有爱孩子的人才可以教育孩子。"爱是教育的本质，作为女人只有将沟通进行到底，你才可能更了解你的孩子，你才可能找准更适合孩子的教育方法来教育他们，给他们最正确的爱。《孙子兵法》中说："知己知彼，百战不殆。"只有充分地了解了孩子们的想法，才能想到准确的对策去教育和引导他们。了解的方法就是沟通，作为一位合格的母亲，你应该懂得定期地和孩子进行沟通，这种沟通主要以聊天为主，而不是训话。不要拿着一种家长的架势去和自己的孩子谈话，而是作为他们的朋友，目的在于使双方互相了解。

说到谈心，很多家长都是以一种欺骗的口吻骗取了孩子一时的信任，当孩子说出一部分自己的真实想法时，他们立即就露出本来的面目。女人要知道，如果你这样对待你的孩子，你永远都不可能做到真正地了解你的孩子，也就永远无法用最正确的方法去引导你的孩子走最正确的道路。

小刚这几天每次回来都偷偷地躲进自己的房间，杨平叫他也不出来，有的时候真的很想揍这小子一顿，但是每一次都被丈夫拉住。吃饭的时候，小刚也不敢抬头看母亲，父亲只是一味地给小刚夹菜。杨平就是严母的代表，从小对儿子实行"拳脚教育"。而丈夫是小学教师，却对儿子异常的温柔。小刚已经上初中了，正是青春期的孩子，这个时期的孩子最叛逆。

杨平觉得小刚的行为很奇怪，就敲门问："小刚，你最近是不是有什么事情瞒着妈妈啊？"小刚听到妈妈的问话，在屋子里吓得杯子掉在了地上。杨平听到屋子里的声音，没有继续敲门，和丈夫一起去邻居老吴家看足球联赛，家里面的电视被送走了。

老吴在家喝茶的时候说："我那儿子原来一直想考美术，我就觉得没什么出息，考个军校将来出来多好，没想到儿子原来有那么多的想法。看来我每一次都没有顾虑到他的感受，说来真是惭愧。"听到老吴这么一说，杨平说："全中国画画的人多了去了，有几个成为画家的？你不能总是依着儿子啊。"老吴说："儿子从小就喜欢画画，我却不知道。他的画已经可以赚钱了，我还一无所知。"

杨平夫妇从老吴家回来以后，她心里面一直惦记着儿子小刚。她觉得自己应该了解儿子的想法，这样才能帮到儿子。她敲了敲儿子的房门，然后走进去先是看儿子微笑，小刚看到妈妈的变化也愣了一下。杨平说："小刚，最近你好像心情不太好，是不是妈妈有什么不对的地方啊？"小刚连忙摇头说："没有不对的地方。"看到小刚欲言又止，杨平说："儿子，妈妈曾经做过一些特别对不起你姥姥的事。"接下来的时间，母子俩对坐着，小刚听着母亲讲着自己小时候的事情。他放松了心情，拉着妈妈的手说："妈妈，我其实也没什么事，就是我最近喜欢上了我们班的吴如意。"

听了儿子的回答，杨平才知道，原来儿子是早恋怕自己责怪。杨平赶紧平复一下自己的心情，和儿子说："你们可以成为很好的朋友，但是你现在还小，如果真的爱她，就是要给她幸福，你现在还是学生，怎么给她幸福呢？"小刚听到妈妈的问话沉默了。杨平继续说："我觉得你可以继续和她做朋友，然后努力学习，考上大学，以后努力地赚钱就可以和她在一起了，你觉得呢？"小刚若有所思地点点头。

家长有的时候如果不能在学习上给予孩子太多的帮助，那么就应该细致地照顾好孩子的生活，在生活上尽量地了解孩子，并及时地帮助他们排忧解难。家长能够在孩子的关键时刻施以援手才是孩子最需要的，可以和孩子交流一下心得，也可以换位思考听听孩子的真实想法，对家庭状态及时地进行调整。女人是一个家庭中最重要的角色之一，更是一个家庭重要的决策人之一，如果你不能了解自己的孩子，不能和自己的孩子谈谈心，真的是一件很悲哀的事情。

第七篇

修养篇：一片冰心在玉壶

做精致的女人，不能"金玉其外，败絮其中"，而应该"外在清丽俊秀，内在底蕴深厚"。只有内外兼修，才不怕时间的流逝剥夺外在的美丽容颜。一个仅仅靠穿衣、化妆来提升修养的女人是浅薄的，内心是空虚的。女人应该多读书，这样你才能成为一个"前半生有美貌，后半生有内涵"，永远具有吸引力的女子。一个智慧的女人不仅拥有丰富的知识内涵，而且还具有良好的性格，优秀的品质。她们自信勇敢，却又懂得适时地示弱。懂得宽容、乐观，同时用那似水的柔情化解铁骨铮铮的硬汉。

第 19 章
补充大脑的"营养"，
让肚子里的"墨水"越来越多

　　没有内涵的女人总是衰老得很快。"腹有诗书气自华"，只有以文化底蕴作为支撑的女人，才会有恒久的魅力。一个外表光鲜亮丽，仅仅会穿衣、化妆的女人是浅薄的，内心是空虚的，底蕴是单薄的。一个温文尔雅的女人才能够体现出最好的教养和最令人赞叹的修养。美丽的外表对于一个女人来说犹如一只漂亮的花瓶，如果瓶子里装的都是污水烂泥的话，马上就会让人大倒胃口。相反，即使这个瓶子很普通，但是如果里面装的是美酒的话，也一定能够让人陶醉。

1. 做一个姿色与内涵"双赢"的女人

· 智慧女人私房话

　　著名女作家毕淑敏说："我喜欢爱读书的女人。书不是胭脂，却会使女人心颜常驻。书不是棍棒，却会使女人铿锵有力。书不是羽毛，却会使女人飞翔，书不是万能的，却会使女人千变万化。不读书的女人，无论她怎样冰雪聪明，只有一世才情，可书中收藏着百代精华。"

　　林清玄在《生命的化妆》这本书中说，女人化妆有三层，其中最主要的一层化妆术就是多读书、多欣赏艺术作品、多思考，掌握了这层化妆术，就能够让女人对生活保持乐观的心态。爱读书的女人的确是从内而外地透着一股奇异的美。人们常说"腹有诗书气自华"，爱读书的女子之所以会与众不同，就是因为她们浑身上下都散发着书卷气，那么举止、言谈的修养是任何外表靓丽但是内在空洞的女人所不能比的。罗曼·罗兰说："女人多读些书吧，读些好书，知识是唯一的美容佳品，书是女人气质的时装。书会让女人保持永恒的美丽。"

　　有人说，只会读书的女人是一本字典，再好人们也只会在需要时去翻看一下，只会扮靓的女人是一具花瓶，看久了也就那样。服饰、美容是做好一个女人的必要条件，不是充要条件。你还需要多看书，这样你会发现生活更加美好。想要成为男人身边的"常胜将军"，女人需要让自己内外兼修，不仅仅要适当地化妆打扮，还要多读书，增加自己的内涵，做到姿色与内涵"双赢"。

　　楚红是一个身体健康、才华出众的女孩子。平时喜欢和朋友们聚在一起讨论历史人物，有的时候还会到赛场上赛跑，她是学校有名的运动员。虽然楚红长相也不差，但是不怎么打扮，很随意，还自称为"放荡不羁"。大学毕业后，依旧我行我素。虽然都属于"大龄女青年"了，但是依旧没有恋爱结婚。朋友给楚红介绍了一个男朋友，那个男人在刚刚接触楚红的时候，不是十分感兴趣。经过了一段时间的接触，男人才逐步有了兴趣，而且很乐意和楚红交往。

楚红的朋友问男人："你刚刚开始的时候，还说不愿意和楚红做朋友呢，怎么过了一段时间又愿意了呢？"

男人很不好意思地笑着说："刚刚开始的时候，觉得她长得不漂亮，还有点胖，一点兴趣也没有。但是接触之后，发现她是一个很有内涵的女孩。她上晓天文，下知地理。简直就是一部百科全书，太吸引我了。"

楚红的朋友说："既然你也是一个注重内涵的男人，为什么还在乎她的外表呢？"

男人笑着说："虽然注重内涵，但是仍然希望眼前的才女是一个才貌双全的女子，这也许是男人的贪婪，但是想必所有的男人都不会拒绝集美貌与才华于一身的女孩。"

著名女作家毕淑敏曾说："日子一天一天地走，书要一页一页地读。清风朗月水滴石穿，一年几年一辈子地读下去。书就像微波，从内到外震荡着我们的心，徐徐地加热，精神分子的结构就改变了、成熟了，书的效力就凸显出来了。"内涵不是一眼就能够看出来的，而是时间久了，慢慢地感受出来的。女人不仅仅要靠内涵吸引男人的注意力，同时还要靠美丽的外表让男人一见钟情。能够让男人通过你美丽的外表接近你，然后熟知你丰厚的底蕴而欣赏你，你注定就会成为一个男人离不开的女人。女人不仅仅要护肤还要护心，用外表的光鲜靓丽去做惊艳的女人，用内在的博闻强识做珍贵的女人。

2. 女人应该"上得厅堂，下得厨房，打扮精致，口吐华章"

· 智慧女人私房话

　　罗曼·罗兰告诫女人说："要想做一个有主见、有内涵的现代女性，读书绝对是必由之路。一本好书可以造就一个女人，清理她内心的尘埃，并赋予她体味生活的魅力，让这个女人受到了知识的滋养，散发出浓郁的香气。"

　　一个优秀智慧的女人，仅仅靠靓丽的外表是不够的，她需要坚实的内在因素做后盾，这就是良好的文化素养。岁月可以轻易地摧毁一个女人的魅力容颜，但是岁月抵挡不过内涵丰富的女人，因为她们随着时间的流逝，会把自己的底蕴和内涵修炼得越来越深厚。

　　读书能够让一个女人头脑充满智慧，做事更加地理性，让生活中一些本来混乱的事情，变得十分的清晰。当然，如果一个女人总是围着锅台转，就会被人讽刺为"家里蹲大学"毕业的，学习的"锅台转"专业，在其他人的眼中，你无非就是一个很好的家庭主妇，但是永远都难登大雅之堂。女人不要仅仅在厨房里找到自己的价值，最精致的女人应该是"上得厅堂，下得厨房"，所以，女人，要让自己充满内涵，让自己支配自己的生活，让自己成为一个有气质的家庭主妇。

　　孟子涵是一个学习皮肤护理专业毕业的女孩，但是毕业以后却做了语文教师，由于时间太长，很多人都以为她是学汉语专业的。

　　有一次，朋友李梦阳和她唠叨："哎，最近被太阳穴上的痘痘烦死了，也不知道怎么长的？什么原因？"孟子涵听了以后对他说："身体各个部位长痘了，说明了不同的原因，应该是你饮食中包含了过多的加工食品，造成胆囊阻塞，需要赶紧进行体内的大扫除。"听了孟子涵的话，李梦阳感到非常地惊讶，然后问道："如果是鼻头长痘呢？"孟子涵继续说："胃火过旺，消化系统异常，应该少吃冰冷的食物。"

"哇！你简直就是百科全书啊！"李梦阳立即夸奖地说，并立即对孟子涵投以佩服的目光。孟子涵笑着说："嗯，我不是百科全书，因为我以前是学皮肤护理专业的。"

女孩要补充自己的大脑的"营养"，平时遇到一些和自己专业相关的东西，就应该及时把它记下来，另外还要多学习自己知道以外的知识，让自己的思维更加的宽阔，肚子里的"墨水"越来越多。当你从容不迫、十分肯定地说出别人不知道的知识的时候，你也同时散发了更加迷人的气质。有知识的女人无论什么时候看起来都是有自信的，她们会不断地增加自己的知识量，她们从不会被别人的问题难倒，更不会流露出困惑不解的面容，永远一副自信的样子，洒脱、自然，充满韵味。

智慧型的女人懂得专业性的知识，大事上精明能干，小事上装装糊涂，这种女人充满了无限的魅力和气质。肚子里有"墨水"的女人，永远不怕自己被对方问倒，因为清晰的头脑，和丰富的内涵，永远都不会担心生活一团乱麻。女人不应该仅仅注重自己的外貌，更应该注重自己内在的储备。一个有内涵，知识量丰富的女人永远都让人觉得她美不可言，永远都带着几分博学的气质，让人又敬佩，又喜欢。所以，女人爱护自己的外貌，也要爱护自己的内心，一个只会在厨房做饭的女人的确拿下了男人的胃，但是吃饭以外的生活，如何让男人觉得你气质迷人，如何觉得你像一部永远读不完的书，这才是女人要努力的地方。

3. 爱读书的女人，是一道亮丽的风景线

· 智慧女人私房话

英国哲学家培根说："读史使人明智，读诗使人灵秀，数学使人周密，科学使人深刻，伦理学使人庄重，逻辑修辞学使人善辩。凡有所学，皆成性格。"

做一个爱看书的女子，比做一个会化妆的女子，更拥有强大的资本。虽然爱看书的女子常常会因为其内在的厚重，而忽略了外表的装饰机会，比会化妆的女子来得慢一些，来得晚一些。但是只要一个女子与书结缘，她的一生必将丰富多彩。爱读书的女人是一道亮丽的风景线，她的美是由内而外地散发，这样的芳香更加持久。有的女人如果外表不美可以通过整容来弥补，但是心灵上的整容却只有读书这条路。读书的女人总是能够在姹紫嫣红的繁花中脱颖而出，随着岁月的沉淀而愈发高贵。

汉代的才女卓文君有才学，满腹诗文，一首数字诗，一首白头吟，千古流传，不仅仅挽回了想要纳妾的司马相如，还让丈夫对她十分尊重。元朝的才女管道升，得知自己的丈夫赵孟頫要纳妾，立即写了一首《我侬词》，使得丈夫回心转意，并对她疼爱有加。腹有诗书的女人清丽脱俗，并是一本回味无穷的百科全书，不仅充满了智慧，还让人们看到了心灵的丰富和才思的敏捷，这样的女子就是一部最好看的电影，让你回味无穷。

灵犀和金爽同是一个班级上的"风云女孩"，灵犀是系里面最出众的才女，金爽是全系最耀眼的"系花"。大学的四年里，金爽一直是男

同学渴望约会的梦中情人，而灵犀一直都是男同学敬佩的"百科全书"。大学毕业后，巧合的是两个女孩一同进入了一家公司工作，并成为了朝夕相处的同事。

公司里面有个长相十分帅气的男同事付云龙，他是公司里面很多女孩心中的"白马王子"，公司里面还有一个追求了他两年的女孩。付云龙平时工作勤勤恳恳，很少和大家闲聊。一次工作上的交接，付云龙认识了灵犀和金爽，并很快和她们两人成为了无话不谈的朋友。

后来，付云龙就在情人节来临之际，送上了玫瑰花给灵犀。很多同事都觉得十分稀奇，金爽明显看上去要漂亮太多了，为什么付云龙不选择漂亮的金爽，不选痴心的那个女孩，而是主动追求灵犀呢？付云龙在一次公司聚餐的酒宴上说："灵犀是我见过内涵最丰富的女孩，她身上的魅力吸引我不断地去挖掘，不断地去探求，她到底脑子里有多少知识。她就像一部百科全书，或是一部你永远翻不完的连环画，精彩总是不断呈现。"

有知识的女人给人的印象总是高贵和典雅的，而且极富神秘的色彩；缺乏内涵的女人却总是单调和浅薄的。有知识的女人碰到生活中的问题，懂得运用自己的知识去解决问题，没有内涵的女人往往把生活中的困难当作老天的惩罚。

爱读书的女人，思想内涵深厚，知识量广博，靠自己的双手赚钱，并靠自己的力量改变命运，这样的女人永远都是一道最亮丽的风景线。

4. 没有主见，让女人成为"隐形人"

• **智慧女人私房话**

情感畅销书作家陈保才说："没主见的女人往往容易被外界的因素所干扰，别人说什么就是什么，听风是风，听雨是雨，别人说什么，就信什么，不去调查，不去研究，不去弄清楚真相，就信以为真。因此造成了悲剧真是让人惋惜又痛叹。"

这个世界上只有两种女人，一种是有主见的，一种是没有主见的。现实的生活中，漂亮的女人太多了，但是有主见的女孩却少之又少。智库女学者王莉丽说："女人，有思想才有气场。"这里面所谓的思想就是主见。一个没有主见的女人，就像一个空有躯壳的提线木偶，男人说什么就是什么，她从来都没有自己的意见。漂亮固然是女人的资本，但是倘若一个女人没有了思想，一旦过了保鲜期，就会变得不再迷人，不再被人欣赏。而有思想、有主见的女人却不一样，即使不漂亮，但是有智慧和内涵，有灵气和修养，依旧能够在这个社会上立足。

你可以想象，一个在生活中没有主见的女人是不会受到欢迎的。一个遇到了事情只会人云亦云，不知道该怎样解决问题的女人，在男人的眼中，毫无魅力可言。"鞋子合不合适，只有自己知道"，别人的意见只能是个参考。女人一定要学会思考，别人的意见不是不能考虑，而要多加思考后再决定，如果别人的意见轻易地左右了你的决定，那只能是你的错。

生活中有思想的女人，她们的眼里透露着知识、文化和修养，她们根据自己的知性让自己不从众，不把自己的价值观、人生观和世界观强加到别人的身上。而没有思想的女人，纵使她有千娇百媚，有倾城的容颜也不过是过眼云烟，如流星般一瞬即逝。

石佳磊是一个令很多女人都心生爱慕的帅哥，但是在石佳磊的眼中，外表靓丽、打扮时尚的小柯吸引了他，所以他选择了小柯做自己的女朋友，而把同样喜欢自己的萧然作为普通的朋友。一次去找工作的过程中，面对两家公司，一方愿意高薪聘请，一方愿意平稳薪水但保证升职的条件，小柯陷入了左右为难之中，她问石佳磊自己应该怎么办，石佳磊说："你自己的事情，自己应该有个决定，也应该有自己的想法，我怎么能给你做决定呢？"

小柯被眼前的选择禁锢住，不知如何是好。恰巧这时，同在一起的萧然也来应聘工作，萧然毅然地选择了第一家公司，小柯疑惑地说："为什么？第二家公司可以升职啊？"萧然笑着说："我选择第一家是因为我现在缺钱，而且两家公司的工作都不是我喜欢做的，即使我选择了第二家，等到他给我升职的时候，我始终还是没有兴趣的，所以不如多赚点钱。"小柯立即问："那么我呢？我应该选择哪家？你帮帮我吧。"当她说这句话的时候，在旁的石佳磊眼睛已经死死地盯着眼前的萧然了，他被这个有自己主见的女孩吸引了。萧然笑着说："我不知道你喜不喜欢这两家工作的内容，如何提你选择呢？这种事情还是靠自己吧！"

最后由于小柯的犹豫，两家公司都招满了人，她依旧没找到合适的工作。而此时，男朋友石佳磊也离开了她。

一个有思想、有主见的女人不会让别人主宰自己的选择，女人有思想也是对男人的尊重，当一个男人问你"吃什么"你的回答是"随便"的时候，男人这个时候才是最痛苦的，男人最讨厌听到女人说的就是"随便，吃什么都行"。当男人问女人，我们看电影要看哪部影片的时候，他们最讨厌听到的也是"随便，看什么都行"。因为男人希望自己和一个有思想的人在一起，而不是空有躯壳的木偶在一起。

一个有思想的女人同时也展现了一个男人的品位，所以，没有思想的女人没有未来，女人没有思想就不可能有吸引力，一个没有思想的女人在别人的眼中毫无气质可言。挪威剧作家易卜生说过："社会犹如一条船，每个人都要有掌舵的准备。"古代那么多女人之所以把握不住男人在于她们不敢有思想，只做"三从四德"的女人，而今，社会中的女子有"半边天"之称，很大一部分原因是她们已经懂得了"有思想"的重要性。

第 20 章
气定神闲，才能闲看庭前花开花落

平和的心态带来高雅的气质，心态平和的女人是最幸福的，同时也是最优雅的。她们不浮躁、情绪平和，态度冷静，就像优雅的百合花一样，怡然自得，安之若素。生活中的很多事情与其声嘶力竭，不如莞尔一笑。倘若能够摒除杂念，让一切都能归于简单，生活也就多了轻松和愉悦。一个女人倘若心里面充满阳光，阴暗和雾霭就无处逃遁。只有长了一颗充满阳光的心，才能照亮生活的每一个角落。

1. 不发"无名火"，不找任何人做负面情绪的"替罪羊"

· **智慧女人私房话**

新东方创始人俞敏洪说："成功的秘诀就在于懂得怎样控制痛苦与快乐这股力量，而不为这股力量所反制。"

人的情绪就像有白天有夜晚一样，既有正面情绪也有负面情绪。当负面情绪产生的时候，有的人选择压制，有人的选择逃避。当然，如果是错误的做法，结果都是一样的，它会让你瞬间失去形象，变得毫无修养可言。情绪就像弹簧，你压制它越厉害，那么它在反弹起来的时候，跳得就越高。既然负面情绪是客观存在的，我们就应该接纳它，与它站在一起，共同面对，慢慢调整。

大多数的女人都是比较感性的，情绪方面比较容易受到外界事物的影响。任何一件生活中的小事，都能够令女人火冒三丈或者掩面而泣。其实，与其"声嘶力竭"，不如"莞尔一笑"。用粗暴的方法解决问题，最后多数都是惨不忍睹，闹得不可开交。但是你如果选择控制情绪，来点小幽默，大可以让烦恼烟消云散。

女人声嘶力竭不仅仅挽回不了自己的自尊，反而会破坏自己的形象，让自己在他人的心中气质和修养全无。为了维护自己的形象，女人应该学会控制自己，给那些对你不够友好的人一个微笑，用自己强大的内心撼动对方的自尊。当我们与负面情绪较劲儿的时候，它就成为了我们的敌人；当我们接纳它的时候，它就会成为我们的朋友。

雪娇是一个很有才华的女孩子，在一家文化公司做文字编辑。她的文笔很好，但是她这个人却是老板既忌讳又喜欢的员工。之所以会对雪娇忌讳是因为雪娇是一个脾气很大的女孩子，有的时候遇上心情不好，稿子也写得乱七八糟。但是当她心情好的时候，总能够在自己的稿件上体现她非凡的才华。

平时老板看公司里面的员工，大家都在用心地工作，唯独雪娇在那里心情烦躁。有的同事背后开玩笑说："雪娇是不是更年期提前了啊?"老板看在眼里，急在心里。有一次，审稿子的责编小王来和老板说雪娇的稿子出现了逻辑混乱、语言表达不清晰的现象，这件事恰巧被雪娇听到了，她竟然与小王吵了起来，期间不乏各种难听的语言。看到雪娇和小王吵架，身心疲惫的老板已经受够了雪娇。

老板虽然受够了雪娇，但是还是决定和雪娇谈谈。当老板拿着雪娇出现问题的稿子，并说明其中的问题时，没想到雪娇刚刚的气还没有撒完，一把从老板的手中夺过稿子，全部撕毁了。而且声泪俱下，闹得公司尽人皆知。老板这一次真的是无法忍受了，直接辞退了雪娇。同事们对雪娇也没有什么好的印象，她"泼妇"的形象已经深入人心了。

智慧的女人不必为一时的情绪所左右，要知道懂得控制自己的情绪是成大事者必备的一种素质。在生活中，如果我们遇到较强的刺激时，首先应该采取"缓兵之计"，强迫自己冷静下来，迅速分析一下事情的前因后果，再采取行动，尽量不要在自己陷入冲动后，鲁莽、缺乏理智地判断事情的发展动向。有句话说："成功者控制自己的情绪，失败者被自己的情绪所控制。"面对自己无能为力的事情，与其愤恨地去怒斥，不如泰然处之。

女人，要学会控制自己的情绪，不要拿任何人做自己宣泄脾气的"出气筒"，这不仅对他人不公平，同时也会让自己在无形之中成为一个"怨妇"。女人应该像一只优雅的"百合"，而不是令人生畏的"刺猬"。拿破仑曾说："能控制好自己情绪的人，比能拿下一座城池的将军更伟大。"不能够控制自己情绪的女人，就像提前进入更年期一样，令人避之不及。当愤怒走近你时，不要纵容自己的不良情绪，要保持自己的优雅气质。

2. 爱笑的女孩，运气都不会太差

> **· 智慧女人私房话**
>
> 罗曼·罗兰说："开朗的性格不仅可以使自己经常保持心情的愉快，而且可以感染你周围的人们，使他们也觉得人生充满了和谐与光明。"

女人的美丽不仅仅来源于靓丽的外表，有的时候更来自乐观的心态。在一个团队中，一个整天愁眉苦脸的女孩总是不能吸引到更多的目光，而那些天生的乐观派反倒是一个队伍中最受欢迎的人。当一个女孩，无论遇到什么事情都是以微笑的态度去面对的时候，她总能够成为男人心中的"女神"，而且她乐天的气质通常会折服很多人。也许时光的流逝能够带走一个女人的娇美容颜，但是却带不走女人乐观和豁达的心灵。喜欢微笑的女孩总是能够给人一种独特的魅力，微笑不仅仅能够感染周围的人，而且还能够影响身边人的生活质量，可以说微笑是一种"正能量"。

有句话说："微笑是女人应对一切的撒手锏。"面对突如其来的状况，那些从容淡定的女孩通常都会露出淡然地一笑，而那些悲观的女人则会抱怨老天的不公，然后整天愁眉不展。一个乐观的心态能够让女人永远充满活力，无论在什么时候，你总能够感受到那种充满希望的力量。俗话说："笑一笑，十年少；愁一愁，白了头。"的确是这样，一个整天摆出一副苦瓜脸的女人，看谁都像别人欠她十吊钱的样子，遇到一点事情就愁容满面或者大哭一场，这样的女人无论外表长得多么美艳动人，也不会有人喜欢。

张静然因为一场车祸夺去了一条腿，为此他觉得自己的人生从此就陷入了黑暗。他整天将自己憋在屋子里，不愿意出去，还将自己的轮椅和拐杖都砸得稀巴烂。他整日忧心忡忡，经常一个人将自己反锁在屋子里，坐在阳台上看下面的车来车往。

有一天，天灰蒙蒙的，张静然的心情也十分的压抑。他忽然看到对面也有一个女孩，低头画着什么。他顺手拿起了自己身旁的望远镜，一眼看过去发现女孩其实是在用双脚作画。正在他感到奇怪的时候，女孩抬起头来朝他微笑了。他立即收起自己的望远镜，心中始终忘不掉那个甜蜜温馨的微笑。

过了几天，妈妈要带他出去转转，他十分不愿意地推开了轮椅，自己挂起了拐，最后看了一眼对面的阳台，女孩不在那里。下楼在街上他没有和母亲说一句话，忽然发现前面有一堆人围着什么，并且还不时地传来阵阵稀稀落落的掌声和叫好声。张静然被吸引过去，他挂着拐一瘸一拐地过去，透过人群的缝隙，他看到了她——那个坐在阳台上用双脚画画的女孩。他小心翼翼地挤进去，然后发现那个女孩居然没有双臂。但是她画的画居然比一些正常的人都要好。

张静然呆在那里了，眼前的女孩子似乎充满了魅力。女孩似乎也发现了他，抬起头看到他，依旧露出那熟悉的动人的微笑。张静然的心被微微地颤动了，女孩比自己不知要惨多少倍，然而她并没有因此而放弃自己，始终能够保持乐观，并对人们致以微笑。从此以后，张静然的性格也慢慢地回到了以前的乐观，有的时候他还会训练自己走路，并试图甩开双拐。

古龙说过："爱笑的女孩，运气不会太差。"的确如此，生活有的时候就像一面镜子，当你抛给它的是微笑，那么它还给你的就是微笑，如果你传给它的是抑郁苦闷，那么你收到的也将是愁眉不展。笑容可以缩短人与人之间的心理距离，为深入沟通与交往创造温馨和谐的氛围。因此有人把笑容比作人际交往的润滑剂。在笑容中，微笑最自然大方，最真诚友善。喜欢微笑的女人，同时也成为了最受欢迎的女人。女人涂抹再好的化妆品也掩盖不住满面的愁容，所以乐观是女人最好的化妆品，乐观的女人拥有独特的气质。

3. 眼前有"阴影"，转过身，背后就是"阳光"

> **· 智慧女人私房话**
>
> 俄国作家车尔尼雪夫斯基说："既然太阳上也有黑点，'人世间的事情'就更不可能没有缺陷。"

如果说岁月的流逝可以轻易地带走女人娇美的容颜，那么岁月却无论如何也带不走女人乐观而优雅的心境。乐观对于女人来说，就像是一层保鲜膜，能够将女人不一样的气质，永远地缠裹在里面，保存她最具独特的魅力。一个积极乐观的心态，是一个女人一生中最宝贵的财富，好的心态就是最佳的美容配方，积极的心态能使一个女人更显年轻漂亮，更加的美丽动人。现在有越来越多的女人劳累于工作，烦心于家庭琐事，让自己成为了生活中的"怨妇"。人们常说："有什么样的心态，就有什么样的人生。"一个人总是觉得自己不幸，那么她就真的不幸了。

有句话说："当你发现你的眼前有阴影的时候，那是因为你的背后有阳光。"在生活中，每个人难免会遇到一些不尽如人意的事情，但是乐观的人能够在困难中迅速爬起来，继续前行；而悲观的人却只能黯然神伤，自怨自艾，永远都是一个无名的失败者。罗曼·罗兰说："开朗的性格不仅可以使自己经常保持心情的愉快，而且可以感染你周围的人们，使他们也觉得人生充满了和谐与光明。"的确如此，乐观的女人总能感染自己身边的人，让自己周边的生活，总是能够其乐融融。

对于"世界上最漂亮的女人"的头衔，苏菲·玛索坦言太沉重："最漂亮的人是不存在的，美丽来自于自己的内心。我也有不漂亮的时候，比如有时早上起床，我儿子会突然说：'妈妈，你脸色不好看。'我就会多给自己增加睡眠，调养调养。女人嘛，只要心情好、生活幸福，就会漂亮。"

一个整天愁眉不展、不停抱怨的女人，只会失掉自己七分内涵。很多事情要以不同的眼光来看，就会有不同的结果。如果你善于用不同的眼光看问题，把任何不愉快的事情都能看成是上天送给你的礼物，你便能从生活中得到无限的乐趣。

4. 自信，是女人最好的"装饰品"

> **· 智慧女人私房话**
>
> 意大利女星索菲亚·罗兰说："一个缺乏自信心的女人，永远不会有吸引别人的美，没有一种力量能比自信更能使女人显得美丽。"

现实生活中的很多事实都说明，一个长相出众的女人更容易自信，而很多貌不如人的女人常常会产生很浓的自卑感。但是，一个漂亮的女人和一个充满自信姿色平庸的女性，却都能够赢得男士的青睐。如果你具有出众的长相，你就可以自信，如果你貌不惊人，那么你更应该具备自信。女人的自信通常最容易体现在言谈举止上，因为并不是所有的女人都能拥有先天的美丽，一个人的心理暗示很重要，有的人觉得自己很美，那么她每天都会自信地抬起头，面带微笑地去迎接一切，这个时候她也就真的成为了美丽的人。

有句话："自信的人，才是最美的人。"人因为有了自信，才能够勇敢地面对眼前的各种挑战。每个人通过自己的努力，都能够成为了不起的人。一个自信的女人往往比单纯漂亮的女人，对于男人来说更具吸引力。一个女人没有自信，又怎么会有气质呢？要想让自己的言语够自信，首先说话要有底气，声音不能太小，同时也不能太大，否则会给人一种虚张声势的感觉。同时，语速要适中，要抬头挺胸，低头说话的人给人一种没自信的感觉。

古龙先生说："自信是女人最好的装饰品。一个没有信心、没有希望的女人，就算她长得不难看，也绝不会有那种令人心动的吸引力。"想要成为一个自信的女人，言谈举止的自信就要注意，把你所说的"我不行"换成"我可以"，把"我一定做不好"换成"没问题，这个很简单，我来做好它。"这个时候你的人格魅力就会有一个大的提升，你的个人气质也会与众不同。与人交谈的时候，举止要自然，不要眼光闪烁，两只手不停地摆弄东西，这些都会让对方觉得你不自信。

一个女人的自信不是都来自于她美丽的外表，更多地来源于对生活中人或事的信心。当一个女人拥有自信的时候，她就像充满了力量一样，同时也能将这种力量感染到其他的人身上。自信的女人适时地表现自己的能力，会让周围的人感受到你的气场和魅力。有句话说："一个女人最大的悲哀，不是她失去了丈夫或者男友的疼爱，不是青春年华一去不返，而是她失去自信的时候。"当一个女人失去自信，她也不会有什么吸引力，胆小怯懦的女人，也不会赢得男士的青睐。

第 21 章
口吐珠玑，好口才展现迷人风采

　　古人常言："一言可以兴邦，一言可以丧邦。"说话不仅仅是人们日常生活的交际沟通的主要工具，还能够体现一个人的修养和内涵。腹有诗书气自华，口中说出来的话就像圣洁的莲花，文辞优美而不浅白，语句凝练而深刻。聪明的女人让嘴巴成全自己，愚蠢的女人让嘴巴伤害自己。说话不是简单地能够说，还要学会听。可以这样说，高雅的谈吐，是一个女人有内涵的直接体现。说话本身就是用来传递思想感情的，而且同时也能够展现一个人的内心真实的世界。修炼自己说话的技巧，才能充实自己空白乏味的内心，你才能够成为一个受欢迎的女人。

1. 诙谐幽默是女人最漂亮的服饰

·智慧女人私房话

美国著名作家拉布说过："幽默是生活波涛中的救生圈。"

在生活中，那些充满幽默的男士总是能够受到女人的青睐，其实，幽默的女人也十分地受男士的欢迎。2013 年《屌丝女士》在互联网上热播，受到了亿万网友的热捧，女主角也受到全世界人民的欢迎。女人们应该修炼自己的幽默技巧，尤其是自己语言上的幽默技巧。美国小说家萨克雷说："诙谐幽默是人们在社交场上所穿的最漂亮的服饰。"懂得适时幽默的女性，在社会交际中所散发的魅力，会让他人情不自禁地向她靠拢，也许她没有华丽的外表，没有魔鬼般的身材，但是她们能够运用幽默的语言，让自己成为众人的焦点。

在生活中，过于冷淡的女人，无论是男人还是女人都不敢接近，作为一个女人，不要让自己冷得像一块冰，林语堂、汪曾祺、梁实秋都说过，自己比较偏爱那种具有幽默特质的女性，所以幽默的女性才能聚集那些男人的目光，幽默还能够让一个女人的身价不菲。其实，幽默的女人也是智慧的女人，因为幽默的必需条件就是你首先必须具有丰富的内涵，只有这样，你才能尽情地展现你的幽默，不会因为脑袋里存量不足而言辞匮乏。

亚伦一次乘坐公家车去学校上班，由于车厢内人多拥挤，亚伦找到了一个车厢后面的地方站住了脚。这个时候只见一个漂亮的女人，一身靓丽的行头，打扮得很时尚。吸引了很多人的目光，这个时候突然司机一个紧急的刹车，站在漂亮女人身边的男士不小心踩了她一脚。

这个时候女人怒气冲冲地说："你有病啊?"男士看了女人一眼说："你有药啊?"漂亮的女人被男士的回答气得转过头去，口中怒气地说："神经病。"没想到那个男士又说："你能治啊?"这段话引来了公交车上一部分人大笑，女人很生气，也许还没有到达她要去的地方就提前下车了，回头和刚刚踩她的男士说了一句："神经病。"没想到，那名男士还是没有生气，反问一句："你是复读机啊?"

随着车上人员的稀少，亚伦看到那个远去的漂亮女人的背影，忽然觉得这个女人其实并没有那么漂亮，反而被踩她的男士弄到无言语塞，很是尴尬。刚刚踩女士脚的男人很是得意地站在那里，没有想到又是一个紧急刹车，这个男士又由于重心不稳，不小心趴到了一位女士的身上，这个女士长相很普通，穿着也十分地不入流。那个男人没有说道歉的话，女士说："先生，您丢东西了?"那个男士看看她，然后急忙摸了摸自己的包说："没有丢任何东西。"女士笑着说："您丢掉的是礼貌。"然后高雅地抬起自己的头，走出了车厢外。

顿时那个得意扬扬的男士，红着脸低下头，迅速地也下了车走入了人群中。而车上留下了亚伦和很多人肯定的目光。

一个没有幽默感的女人，就像没有香味的鲜花，只徒有一个形体，却少了精气神。幽默是上苍赐给女人的一件魅力的法宝，让一个懂得幽默的女人受到更多的欢迎，赢得更多的疼爱。美国的一位心理学家说过："幽默是一种最有趣、最有感染力、最具有普遍意义的传递艺术。"一个智慧的女人怎么能不让自己具备幽默的品质呢? 如果说智慧可以让一个人应对各种来自生活中的问题的话，那么能够保持从容应对就只剩下幽默了。幽默不是无关紧要、浪费时间，幽默最重要的作用是给自己一个愉快平和的心态，以乐观豁达的态度看问题，积极迎接挑战，笑对人生风雨，享受奋斗的过程。

2. 留点"口德"，长点"品德"

· 智慧女人私房话

荀子曰："与人善言，暖若锦帛；与人恶言，深于矛戟。"

口德在人与人之间的交往中，非常地重要。很多女人在生活中就是传说中的"灭绝师太"，说话狠绝，表现失态。当一个女人满嘴脏话，甚至恶语伤人，无论她的面貌是沉鱼落雁还是倾国倾城，总会令人感到讨厌和反感。一个喜欢恶语伤人和说脏话的女人和那些有修养的女人比起来，简直就是天壤之别。古人云："良言入耳三冬暖，恶语伤人六月寒。"也就是说，当你的脏话从你嘴里说出来的那一刻，它的威力不仅仅损害了对方的心理，同时也损害了自己的形象。一个文化素养严重缺失，没有内涵的女人才会满嘴的脏话。

说脏话不仅仅是一种不礼貌的行为，同时还会影响你的人格魅力。说脏话的时候，无论是男人还是女人，总会显得粗暴不堪。你可以试想一下，一个整天要么不说话，要么一张嘴就是脏话的女人，吵起架来一副天不怕、地不怕的架势，如何能够让男人心生怜悯，激起男人的保护欲望呢？更何况从嘴巴里吐出来的都是脏字，恶俗的语言。这就和一块价值连城的美玉是一个道理，美玉外表无暇，里面却散布着一些污垢，让人看了就想作呕，又如何会喜欢呢？

薛璐是一个身材火辣，长相甜美的女孩，因为自身的条件优越，经常有很多男孩子围在她的周围献殷勤。但是每一个和她在一起的男孩没过多久，就都和她分手了。很多人都觉得一定是薛璐自身的条件太好了，那些男孩子有精神压力，所以才导致分手的。

可是，眼前这个帅气的邱泽就曾和薛璐谈过一个多月的恋爱。在外人看来，他们简直就是天造地设的一对，但是邱泽却不这样看。当有男生问邱泽，怎么不好好珍惜薛璐的时候，邱泽一脸愁容地说："如果薛璐真的是一个值得珍惜的女孩，我也不至于和她闹分手。"听到他的话，大家都感到有几分的疑虑。

邱泽继续说："薛璐的确是一个外表很吸引人的女孩子，但是当你接触她，慢慢了解她，你就会受不了她。"朋友感到很疑惑说："难道是有公主脾气吗？薛璐自身条件好，有个小脾气也是可以理解的啊！"邱泽说："就算长相普通，就算有公主脾气，我都能忍受，可是她居然是一个满嘴脏话的女孩，和她出去逛街，总感觉身边带了一个特别没有教养的人，而且总是能够遭到大家异样和嫌弃的目光，我实在是受不了她。"

女孩子不一定非要口吐莲花，但是却绝对不可以满口污言秽语，张口闭口就把老祖宗拿出来，抖擞一圈，或者三句话离不开父母亲，这样做不仅仅有损自己的形象，同时也会让别人怪罪自己的家教不严，父母没有把你教育好，让自己的父母也随着自己形象全无。女人绝对不可以和粗鲁搭边，说脏话就会显示出一个人的粗鲁。其实，在男人的心中，优雅的女人永远都要胜于漂亮的女人。说脏话不是一件很酷的事情，也不能代表女性的解放。说脏话不是唯一体现一个人真性情的表现，你至少可以为自己选择一种不会损害自己形象的说话方式。

3. 与其"喋喋不休"，不如"耳聪目明"

· 智慧女人私房话

佚名："认真倾听别人的倾诉虽是细枝末节，但却体现了你谦逊的教养，能展现你的素质。"

有人说，倾听的耳朵是虔诚的，倾听的心灵是敏感的。有了倾听的耳朵和愿意倾听的心，你才会拥有忠实的朋友。的确是这样，倾听不仅仅能够获得忠实的朋友，同时还能够展现女人的优雅和修养。在你言我语的谈话中，谁才是最优雅的那一位？是抿着嘴仔细听的那一个。人们常说："会说的不如会听的。"有时候"说者无心，听者有意"就是这个意思。你不停地说，只会让你的缺点更多地暴露于人前。话要想说得进入人心，首先你得会听。当你滔滔不绝地说或者随意打断别人的话的时候，也暴露出你的缺陷。因为喋喋不休的女人更像一个小丑在耍宝，你在她的身上看不到半点矜持和内涵。

很多时候，倾听是一种无言的赞美和恭维。当一个女人微笑地看着你，并认真地倾听你讲话的时候，她浑身上下都会散发着那种优雅高贵的气质。女人想要成为一个优雅高贵的女人，不仅仅要有一张能说会道的嘴，还要有一对善于倾听的耳朵。古希腊哲学家德谟克利特说："只愿说而不愿听，是贪婪的一种形式。"女人赢得他人尊重和赞美最有效的方式就是倾听。你可以想象一下，在对方还没有说完话的时候，你就开始发表自己的观点，这样不仅会让对方感到讨厌，还会让对方觉得你没有教养，破坏了自己的形象。

刘苗苗是一家公司的技术人员，在软件的技术开发上面，她有着丰富的理论知识。有一次，公司展开了一些软件技术开发的研讨会。在研讨会开始时，公司总体气氛还是比较融洽的，每个人都首先表达了自己的软件技术的理论知识，并和老板说明了一下自己的开发前景。本来一切都很正常的氛围，忽然被刘苗苗给搅乱了。

刘苗苗在软件的某种技术上是专家，在探讨到自己涉及的领域时显得十分激动，滔滔不绝，其他与会者发表意见时时被她打断，整个会场只有她一人口若悬河地发表意见，老板和其他的人几次想要打断她，但是无奈她十分健谈，并没有注意到其他人的反应。刘苗苗的这一表现，引起了大家的不满，研讨会在很尴尬的气氛中草草结束。

研讨会以后，刘苗苗以为这次的软件技术开发项目会交给自己，没有想到老板并没有这样做，而是将这个项目交给了她的同事，同事在这方面远远没有她更有能力。刘苗苗一直不知道为什么自己的能力强，却没有受到老板的重用。每一次研讨会老板都好像故意压制自己，尽量地让别人发表意见，于是她气愤地找到老板，并要求老板能够给自己一个合理的解释，老板说："认真倾听别人，虽是细枝末节，但却体现了你谦逊的教养，能展现你的素质。只愿意说而不愿意听，是贪婪的一种形式。"听到老板的话，刘苗苗羞愧地低下了头。

古希腊先哲苏格拉底说："上天赐人以两耳两目，但只有一口，欲使其多闻多见而少言。"寥寥数语，形象而深刻地说明了"听"的重要性。一个懂得倾听的女人不仅仅是一个优雅气质的女人，同时也是一个聪明的女人，因为我们常常在倾听的时候，不仅仅可以获得对方的尊重，同时也可以获得一些意想不到的收获。能够倾听别人发表意见，不去打断别人说话也是一种礼貌的行为。而且滔滔不绝并不意味着你是一个口才好的演讲家，一个人的内涵不是靠喋喋不休的说话体现的，一个喜欢倾听的女人更能显示出大气和谦逊的胸怀，同时也能得到更多人的尊重。

4. 轻启朱唇，"三明治策略"的批评易于接受

· 智慧女人私房话

美国著名企业家玫琳·凯在《谈人的管理》一书中说道："不要只批评而要赞美。这是我严格遵守的一个原则。不管你要批评的是什么，都必须先找出对方的长处来赞美，批评前和批评后都要这么做。这就是我所谓的'三明治策略'——夹在大赞美中的小批评。"

受人欢迎的女子有一条特性：在别人犯了错时，她不会马上趾高气昂地说："你错了！"而是懂得给人留面子。中国有句老话叫："人活一张脸，树活一张皮。"学会为别人保住面子，是魅力女人说话时的一条基本原则。而那些在生活中得理不饶人的女人，总是给人一副"悍妇"的形象。我们都知道刺耳的话一出口，谁听了都不会痛快。纵然这个女人长得漂亮，穿着得体，在别人眼中她仍然是一副刻薄丑陋的样子。

卡耐基说："很多时候你在与别人争论时是赢不了的。要是输了，当然你就输了；如果赢了，你还是输了。"为什么这样说呢？一个人在批评的过程中，总是会因为输赢而导致气急败坏地去争论自己的观点，然而争论过后，自己的气度也完全展露在每一个人的面前。生活中，尽量不要去批评别人，不得不批评的时候最好采取间接方式，你要始终对事而不对人。提起批评，也许更多人的理解是"挑刺"。其实，那只是批评很小的部分。真正高明的批评，更多的是交流、引导和印证。

雅馨进公司不到两年就坐上了部门经理的位置，但是部门经理是不容易做的，很多员工都不服她，甚至公然作对。公司里面做美工的悠悠就是其中之一。自从雅馨做了部门经理以来，悠悠几乎每天都迟到，但是按照公司的规定，迟到半小时之内，公司是不进行处罚的。而悠悠不知道是不是故意的，每一次迟到都在半小时之内，而且一周五天，有四天都是迟到的。

雅馨作为公司的部门经理，对悠悠这种行为必须想办法制止。于是她将悠悠叫到自己的办公室来。

"悠悠，你最近总是迟到，是不是有什么困难？"

"没有啊，堵车又不是我能够控制的事情，再说我也没有违反公司的规定啊。"

"我没有别的意思，你不要多心。"雅馨深切地感受到了悠悠的敌意。

"如果经理没有什么事情的话，我出去做事了。"说着，悠悠就要离开办公室。

"等一下，悠悠，你家住在大剧院附近吧？"

"是啊。"悠悠疑惑地看着雅馨。

"是这样的，正好我也住在大剧院附近，以后每天早上，我在大剧院的东门等你，我顺便带着你一起来公司吧。"

听到了雅馨说的话，悠悠立即觉得有些不好意思，于是说："不用了，你是经理啊，这样多不合适啊。"

雅馨笑着说："没关系的，我们是同事啊，帮这个忙是应该的。"雅馨的话让悠悠感觉脸发烧，人家经理亲自开车接自己上班，而自己居然还这样对待经理，简直就是不应该。于是她谢绝了雅馨的好意，此后再也没有迟到过了。

在批评的过程中，适时地采取先表扬后批评的方式，使得对方能树立改正错误的信心，树立全新的自我形象。因为他从你那里得到的信息是，自己是有优点的，即使有错误也能很容易地接受批评，并很快地改正。所以批评的艺术可以被称之为女人成功的基本哲学。批评别人，就要给别人服气的理由。我们作为批评者，就首先要加强自己本身的文化修养，对批评的人和事，要有自己独到的眼光和见解，要公正地看待问题，要适可而止，给对方留有余地。要批评一个人的错误时，最好让对方感觉到自己的错误。你的目的也是为了要帮助对方，而不是为了贬低对方的人格。

5. 女人"盛气"可以，但不要"凌人"

· 智慧女人私房话

三毛说："从容不迫的举止，比起咄咄逼人的态度，更能令人心折。"

著名情感畅销书作家陈保才说："盛气凌人的女人，永远不会幸福。"说到盛气凌人，人们习惯性的首先想到《红楼梦》中的王熙凤，也许她就是盛气凌人的代表吧。王熙凤给人的印象就是目不斜视、眼风向上、目空一切、让下人闻风丧胆的女子。其实女人"盛气"还是可以的，因为盛气可以让你的男人尊重你，这是一种女性的魅力。但是"凌人"就不太好了，因为这样的女人总是给人一种咄咄逼人的样子，说话不讲情面，甚至带有挑衅意味，尖酸刻薄，似乎这样会显得自己伶牙俐齿，不好惹、有个性、有气场。

一个说话咄咄逼人、表现盛气凌人的女人，即使再漂亮、再时尚，她一切的美丽都会随着盛气凌人而消失无踪，反而显得肤浅、粗俗、愚蠢，让人感觉索然寡味，荒谬无比，甚至会把自己置于犹如"小丑"般的尴尬境地，如此岂有美可言？事实上，声音的魅力不在于言辞是否犀利，而是在于人心，这就是大家常说的"公道自在人心"。当发生意见不合时，那些气场强大的女人从来不会对别人横加抱怨、胡乱责骂，也不大发脾气，而是心平气和地处理矛盾。

珊珊是一个性格直爽的北方女孩，虽然这种性格很受欢迎，但是也比较容易得罪人。珊珊大学毕业以后，就进入了一家私立学校做英语补习班的教师。有一次，学校的校长因为临时多开了一个班级的课，导致学校的老师不够用，校长就让珊珊临时代开班。由于是临时代替开班，新班级的学生并不是珊珊的，而且准备接收 25 位学生，结果来了 35 个，人多心就乱的珊珊顾不上记住每一个孩子的名字。

学校下班以后，每一位新开班的老师都要打电话给听公开课的学生做回访，由于珊珊班级的人员爆满，所以，部分电话需要别的老师代替拨打。但是问到一个叫作孙经航的学生时，珊珊对于这个名字没有印象，所以，校长就说："你这个老师是怎么当的，连学生的名字都记不住，你还能不能干了？"

听到校长如此教训，珊珊也很不服气回敬道："我这个老师就是这么当的，你给我一下去记 35 个孩子的名字试试，我看记得下来几个？"校长被珊珊这样回敬，顿时感觉十分没有面子，于是一本教材撒过去，砸到了珊珊的胳膊上，然后口里骂道："不知死活的丫头，你再给我犟嘴一下试试！"珊珊觉得很委屈，也丝毫不让，将刚刚扔过来的书一把扔回去，并砸到了校长的脸上，并大喊："就犟嘴，你能把我怎么样？"接着办公室内乱成一片。

生活之中，老百姓总说："舌头没有碰不到牙的，勺子没有不碰锅沿的。"人与人之间难免会产生一些小矛盾，这些都是很正常的。但是若表现得盛气凌人的样子，非要和别人做个了断、分出个胜负，实在是没有必要。退一步讲，就算你有理，也不要得理不饶人。相信没有一个美女愿意给别人留下肤浅、粗俗、愚蠢的印象，也有人正在为自己咄咄逼人的言行而后悔，总之"和为贵，忍为上，虚怀若谷，谦卑宽容"。以这样的健康心态处理事情，不但可以得到一个满意的结果，而且会给别人留下优雅大度的美好形象，也有利于塑造正直善良的气场。